植物私生活

邓兴旺　主编

商务印书馆
The Commercial Press

商务印书馆（成都）有限责任公司出品

总　序

　　北京大学汇集全国各地青年才俊。我曾在北京大学生物系完成我的本科和硕士研究生学业。五年前我全职回国，进入北京大学进行植物生物学与农业生物技术的教学和科研工作。身在北京大学，我深切感受到年轻学子了解生命科学前沿知识的必要性。在这个知识和信息爆炸性增长、新技术层出不穷的时代，学科和专业的选择越来越丰富。这让我思考：植物生物学作为一门关乎人类与地球生态系统基本问题的学科，如何能吸引更多的学生呢？为此，我和本套丛书编委之一的李磊老师在北京大学开设了课程"舌尖上的植物学"，和丛书另一位编委钟上威老师开设了课程"植物与环境"。这些课程独辟蹊径，以讲故事的方式向北京大学各专业背景的本科学生传授植物生物学前沿知识和基本原理，取得了很好的效果。我深感有必要将这种传播知识的方式推广到北大校墙之外的整个社会，以激发更多青年才俊对植物生物学的兴趣，这就是我组织编写这套丛书的初衷。

在地球生物圈中,植物是不可不提的重要组成部分。它们固定栖息,借助阳光并利用空气中的二氧化碳以及土壤中的水分和无机物制造有机营养物质,供自身生长发育之用。在地球生命的演化过程中,陆生植物的出现是具有决定性意义的事件。植物的身体结构和发育过程随着对陆生生活的适应而逐渐复杂,出现了在形态结构上各具特色的器官,各种器官的功能特化使植物表现出千姿百态的生活习性,形成令人叹为观止的多样性。

植物不但是环境的适应者,更是环境的改造者。光合作用是地球生态系统中有机物和能量的最初来源,由此产生的氧气是所有需氧生物(包括人类)生存的基础。对于人类的生存和发展而言,植物更是起到了至关重要的作用。水稻、玉米和小麦等植物作为主粮供我们充饥果腹;水果、蔬菜和坚果为我们补充营养;植物提供的油料、香料和糖料等丰富了我们的味觉;植物的根系起到了固着土壤、防止水土流失的重要作用;木材和纤维可被用来制造家具与纸张;而花卉和观赏植物则可以美化环境,满足人们精神生活的需求。

虽然植物和我们的生活息息相关,但除了植物学专业的教学和研究人员以外，大多数人对植物的了解仅仅停留在对植物外部形态的简单认识上。而对于植物的组织结构，植物如何感受世界，植物怎样适应环境并改造环境，我们的粮食作物从何而来等植物生存演化的核心问题，相信大部分人都不甚了解。为此，我组织北京大学现代农学院和生命科学学院的李磊老师、钟上威老师、何光明老师和植物生物学专业的研究生、博士后们编写了这套丛书的前三册。在这三册书中，我们对这些问题进行了通俗的解答，希望能让每一位受过中学以上教育的国人，无论是否学过植物学相关专业，都能阅读并喜欢这套丛书，并从中了解生命科学的一些基本原理和前沿知识，进而了解我们身边的植物世界。

一个有知识的社会人，无论处于何种岗位，都应该对日常所见植物背后的科学道理有所了解。本丛书力求将复杂的植物学知识和前沿科技故事化、趣味化，并与我们的日常生活结合起来。我们争取让大家能够像阅读经典文学作品一样阅读科学书籍，让这套书成为有志向、有修养、想作为的人想读、爱读、必读之书。在内容上，该丛书尽量保持前沿性和准确性，不求全面，但求经典，以便读者更好地理解和欣赏。

本丛书前三册为《植物的身体》《植物私生活》《植物与食

物》，涉及植物从内到外的各个方面。编者在撰写过程中难免有考虑不周的地方，欢迎读者提出宝贵意见。此外，丛书出版后，我们还会不断对其进行延伸和补充。关于丛书后期续写的主题，也欢迎大家提出建议。

邓兴旺

于北京大学

2019年7月1日

前　言

　　植物看似默默无闻，实则"充满智慧"。历经亿万年的风雨洗礼，它们发展出了一套和动物完全不一样的生存本领。它们没有眼睛，却知道日出日落，冬去春来；它们没有大脑，却"足智多谋"，可以用令人意想不到的办法来实现自己的目的。自然选择是残酷的，环境也不会总是称心如意。面对干旱、洪涝、动物践踏、细菌侵染时，看似毫无还手之力的植物却能够"审时度势"，及时采取行动，帮助自己渡过难关。大到参天大树，小到路边野草，每一棵生存下来的植物都是环境斗争的胜利者。在环境破坏日益严重的今天，我们只有更加深入地了解植物，才能更好地将它们为我所用，保护我们美丽的地球。

　　全书分为五章，共41个小故事。第一章《植物的感觉》介绍了植物如何感知外界环境。原来，植物也和动物一样，会"看"，会"闻"，有"触觉"，能"记忆"。第二章《小分子大用途》主要介绍一大类调控植物生长发育的小分子物质——植物激素，还介绍了科学家如何研究植物，以及那些关于蔬果"催熟""抹药"的流言与真相。第三章《逆境勇士》介绍了植物在面对各种自然灾害时如何保护自己，以至利用这些极端自然条件来帮助自己繁衍生息。第四章《战争与和平》讲述植物如何与周围的动物、植物、真菌、微生物等"斗智斗勇"，争取自己的利益。第五章《入乡随俗》讲述生长在不同自然条件下的植物在长期适应环境的过程中形成的独特习性，以及植物在影响环境、改造环境方面的作用。本书通过一个个相对独立的小故事展示了植物生活的方方面面，在确保科学性和严谨性的同时力求贴近生活、激发兴趣。愿读者在收获知识的同时也能收获乐趣。

参与本书编写的人员包括（按姓氏笔画排序）：申醒、吕默含、刘晓芹、孙宁、孙天琪、李悦、李铀、李陟、李静、李燕莉、杨芷萱、罗翊雯、贾琪、潘颖。其中李悦、孙天琪、李铀、李静为章节负责人，李悦绘制了本书部分插图并协助完成了本书的全文编写与协调工作。

最后，感谢商务印书馆大力支持本套丛书的出版。由于丛晓眉女士、陈涛先生高效而精心的工作，丛书得以付梓，在此致以诚挚谢忱！

编委会：邓兴旺

李 磊

钟上威（执行主编）

何光明

目　录

第一章　植物的感觉

第二章　小分子大用途

第三章 逆境勇士

第四章　战争与和平

第五章 入乡随俗

第一章

植物的感觉

任四季更迭，桃花总在春天展尽芳华；任寒来暑往，向日葵总对着太阳挺起胸膛。幼苗不甘屈居荫下，加速生长；含羞草机警灵敏，最微小的触碰也能使其合拢叶片……植物和我们一样，都生活在这纷繁复杂的世界中。它们又与我们不同：没有眼睛，也能看见光在哪里；没有鼻子，也能嗅到敌人和战友的气息。

植物看世界

通过一双眼睛，我们看到了这个绚丽的世界。光影，明暗，色彩，只要睁开眼睛，一切便能尽收眼底。我们的生活如此依赖视觉。可曾想过光是什么，视觉又是怎么形成的呢？经过一代代物理学家的探索，人们终于认清了光的本质：电磁波。人眼看到的可见光，本质上就是一定频率范围内的电磁波，而光的五颜六色正是由波的频率决定的。人眼睛里的感光细胞接收电磁波并产生神经冲动，神经冲动传到大脑形成视觉。可植物既没有眼睛也没有大脑，它们又是怎样感受光明的呢？

关于植物"视觉"的一系列重要研究源于一棵神奇的烟草。1906年，美国马里兰州广泛种植的烟草品种最多只能收获20片左右的叶子，然而在同一块地中，却有一棵神奇的烟草长

烟草（*Nicotiana tabacum*）

出了近百片叶子。烟农视之为天赐良种，将它当成宝贝保护了起来。但是当冬天悄然到来，其他的烟草早已结好了种子，而这棵宝贝烟草却还丝毫没有开花的迹象。为了不让它冻死，人们将它移到室内。靠着这棵独苗所结的一点种子，这个被称为"马里兰猛犸"的新品种逐渐传播开来，但由于种子的产量很低，终难大范围推广。于是烟农们找到了美国农业部，希望他们能帮忙解决"马里兰猛犸"在室外不能开花的问题。差不多在同一时期，美国一些种植大豆的农民也向政府反映，他们尝试每隔两周种植一批大豆，希望以此拉开收获时间，可事与愿违，所有的大豆还是同时开花结种子了。他们希望搞清楚原因，以便更加合理地安排种植和采收。

美国农业研究中心的两位科学家加纳（Wightman W. Garner）和阿拉德（Harry A. Allard）接受了这个挑战。他们进行了十年的艰苦实验，验证了营养、温度、湿度、光照强度等几乎所有当时认为能影响植物生长发育的因素，却依然没能找到植物开花的原因。连续的失败让他们非常绝望。思来想去，大概就剩下每天的光照时间长度这一个因素没有试过了。1918年，二人决定孤注一掷。他们每天下午将植物搬进不见光的小黑屋，第二天日出的时候再搬到室外。令他们没想到的

大豆（*Glycine max*）

是，实验进行没几天奇迹就出现了：那些被移进小黑屋的烟草和大豆比种在大田中的提前开花了。光照时间的长短能影响植物的开花，这是人们始料未及的。如此一来，只要把"马里兰猛犸"种植在更接近赤道的佛罗里达州，保证它不被冻死，等进入深冬，光照时间短到一定的程度，它就能顺利地在室外开花结种子了。

后来科学家又通过实验发现，其实植物并不是"记住"了白天有多长时间，相反，它们"记住"的是一昼夜中黑暗时间的长度。即使在黑暗中加入30秒的低强度光照也足以打断植物开花的计划，科学家称之为"夜间断"现象。可是光有不同的颜色，究竟什么颜色的光在"夜间断"效应中起作用呢？1945年，美国农业研究中心的三位科学家用他们自制的设备进行了一项实验：他们用一个棱镜将白光分解成一个连续的光谱，用不同颜色的光对植物进行"夜间断"实验。他们发现，红光影响植物开花的效果最明显。因此他们推测，植物体内必然有一种感光物质可以很强烈地感受红光，进而影响植物的发育过程。

他们的实验做得热火朝天。隔壁实验室研究种子萌发的一对夫妇也看上了他们这台当时十分先进的设备，他们借用了这台设备，将莴苣种子放在不同颜色的光照下观察它们的萌发情况。实验发现，红光确实可以很强烈地促进种子萌发，与此同时那些放在红光区以外的种子的萌发率却异乎寻常地低。比红光波长还长的光是远红光，虽然人眼并不能看见它，但是植物却能很灵敏地感受到它的存在。这个实验显示，红光与远红光都能显著调控植物的发育，但它们的作用却是相反的。

既然红光和远红光对植物生长发育有着相反的作用，那我们让植物同时照这两种光，它会有什么反应呢？实验发现，如果给种子先照红光再照远红光，则它的萌发会被明显抑制。而如果先照远红光再照红光，则种子又都能萌发了。类似的"红光－远红光"循环可以重复数十次到上百次，而植物最终的反应总是由最后照的那种光决定。根据这一现象，科学家们提出了一种假设：植物体内可能存在一种"感光分子"。这种感光分子就像开关一样，能够对红光和远红光分别做出反应。当它感受到红光时开关打开，告诉植物"现在外面是红光，种子快萌发"；而当它感受到远红光时则开关关闭，植物因此也就知道"现在外边是远红光，不能萌发"。感光分子的开关是可以来回"扳动"的，而植物的反应仅取决于最后一次"扳动"。这一想法具有划时代的意义。

1959年，美国农业研究中心以瓦伦·巴特勒（Warren L. Butler）为首的实验小组在黑暗中生长的幼苗里检测出了具有感光分子特性的物质。光谱测试表明，这种物质在红光区（波长660纳米）和远红光区（波长735纳米）处有很强的光吸收。这个实验直接证实了之前的假设：植物中确实存在着可由光"扳动"的"开关"。1960年，这一神秘物质被正式命名为光敏色素（phytochrome）。

为了宣布这一激动人心的发现，科学家们决定在1959年8月的国际植物学大会上展示他们的成果。这可是美国科学家向世界展示自己的绝好机会，于是他们把一切都安排得十分谨慎。他们在汽车后备厢里携带了黑暗中生长的幼苗和实验需要的所有工具，一路小心翼翼地开到了蒙特利尔会场，在全世界科学家的面前演示提纯光敏色素的实验。出乎意料的是，实验竟然失败了。这让他们十分不解。经过仔细回忆，一个小细节引起了他们的注意：为了保证材料在运输过程中不出现问题，他们每次给汽车加油的时候都会打开后备厢检查一下这些黑暗中生长的植物。是不是这个行为导致实验失败的呢？进一步研究发现，光敏色素在植物由暗到光的过程中确实会发生降解。正是这个"失败"的实验，为光敏色素的研究又打开了一片新的天地。

此后人们以"红光诱导－远红光逆转"这一标准研究了植物许许多多的生理过程，发现光敏色素都在其中起着重要的作用。植物那些快速的，慢速的，从分子水平到器官水平的各种光响应，都与光敏色素这种神奇的分子紧密相关。现在人们已经得知，光敏色素是一种蛋白质，在植物体内存在两种类型：红光吸收型（Pr）和远红光吸收型（Pfr）。红光吸收型是它的失活状态，在黑暗下积累，可在红光或者白光的照射下迅速转变为远红光吸收型。远红光吸收型是它的激活状态，在红光下会降解，在黑暗或者远红光下可以慢慢转变回红光吸收型。每天日落时植物"见"到的最后一道光就是远红光。随着黑夜降临，它体内的光敏色素也就逐渐转变为生理失活的红光吸收

光敏色素机制示意图

光敏色素的红光吸收型（Pr）在红光照射下转变为远红光吸收型（Pfr），远红光吸收型在黑暗或远红光照射下转变回红光吸收型。远红光吸收型的光敏色素可以引发植物一系列的生理反应。

型，告诉植物"这是黑夜，现在该休息了"。而伴随着清晨第一缕阳光，光敏色素迅速地转变为远红光吸收型，让植物开始一天的工作。而植物通过计算光敏色素两次转化的时间就能知道它度过了一个多长时间的黑夜，进而判断处在什么季节，是不是该开花结种子了。

　　虽然植物没有眼睛和大脑，但它却可以通过光敏色素之类的感光分子感知世界的光明。看似平常的春华秋实，背后是植物体内各种感知和调控体系的共同作用。植物并不像想象的那么简单呢！

突出重围

　　"深山树木长不齐,荷花出水有高低。"在自然界中,我们经常见到同一种植物在不同的生长条件下长成了不一样的高度。早在公元前300年左右,植物学之父——泰奥弗拉斯托斯(Tyrtamos of Eresos)[①]在《植物的历史和植物本原》中就描述过这种现象。他发现,在遮阴条件下生长的冷杉枝干非常高,但是因为生长速度太快,木材质量一般比较差;而生长在光照充裕环境下的冷杉枝干并不高,但纹理致密,木材也结实。这一现象暗示我们,植物的"身高"很大程度上与它们对光的竞争有关。光对于植物的生存非常重要,因此植物会不断调整自己

---

① 泰奥弗拉斯托斯(Tyrtamos of Eresos,371/372 BC—287/286 BC),亚里士多德的弟子,古希腊哲学家、自然科学家、植物学之父、生态学奠基人。所著《植物的历史和植物本原》(*De Historia et De Causis Plantarum*)是植物学的创始之作。

冷杉（*Abies Miller*）

的生长状态以便于最大限度地接受阳光。通常当一棵植物发现自己被遮挡时，它就会拼命地长高，希望赶超遮挡自己的其他植物，获得更多的阳光。

那么植物是如何发现自己被遮挡的呢？要回答这个问题，我们首先要了解一下植物被遮挡时所处的环境发生了怎样的变化。当我们站在树荫下时，只会感受到光的强度变弱了。但是在植物看来，光不仅是强度变弱了，成分上也发生了变化。波长在710—740纳米的远红光能最大限度地躲过上层叶片的吸收和反射，因此相比于自然光，在遮阴后的光中远红光显得尤其丰富。而植物体内的"眼睛"——光敏色素对远红光非常敏感。当植物感受到体内的光敏色素中红光吸收型（Pr）含量相对较高时，便知道此时外界的光线中远红光比例较高，进而推测出自己身处在其他植物的荫蔽下。接下来植物要想尽一切办法加速生长，超越这些遮挡物，为自己争取更多的阳光。

为了方便在实验室中研究植物在被遮挡时生长发育的变化，研究者利用遮阴后远红光富集的特点人为模拟遮阴条件。1987年，史密斯（Harry Smith）和他的同事们最先往正常白光中补充远红光以模拟遮阴条件，观察了白芥子（*Sinapis alba*）的生长。他们把正常生长的白芥子幼苗一半放在模拟遮阴条件

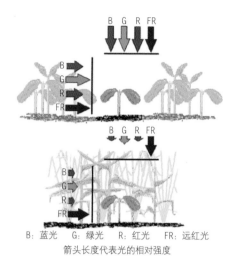

B: 蓝光   G: 绿光   R: 红光   FR: 远红光
箭头长度代表光的相对强度

遮阴条件下光成分变化（改编自Casal, J.，2013）

　　当植物正上方无遮挡物时，照射到的蓝光、绿光、红光、远红光的
比例相对均衡。当植物被其他植物遮挡后，入射光中的远红光比例明显
增加。

下，一半放在正常光照条件下。令人惊讶的是，短短10分钟后
就观察到，遮阴条件下的植物比正常光照下的植物生长得快。
而在30分钟后，遮阴条件下幼苗的生长速度竟能达到正常光照
条件下的5倍。由于幼苗的茎的伸长对遮阴条件响应迅速且易
于观察，在此之后，幼苗茎的长度就作为一个典型的指标，被
用于观察遮阴条件下植物的生长了。

白芥子（ *Sinapis alba* ）

　　植物虽然不能像动物一样迅速对外界环境做出反应，但是在植物体内有一些可以传递信号、调节植物发育的特定因子，这些因子在植物被遮挡时可以积极协调各个方面，让植物的茎快速长高。这些因子大体上可以分为两类：加速植物生长的"油门"和抑制植物生长的"刹车"。当"油门因子"被启动时，植物会加快生长速度，长成一个"瘦高个儿"。反之，当"刹车因子"被启动时，植物会减慢生长速度，稳扎稳打，长成一个"矮胖墩儿"。平时这两类因子通力合作，让植物在不同的光照条件下都能展现正确的形态。但是当这些因子里的一个或者几个不能正常地发挥作用时，植物就无法正确生长了。为了知道植物体内具体有哪些"油门因子"和"刹车因子"参与生长过程，科学家们可是费了不少脑筋。他们对拟南芥（*Arabidopsis thaliana*）的种子进行随机诱变，让每颗种子中的一个或几个基因失去功能，然后在不同光照条件下进行筛选，希望找到以下三类"不正常"的植物。第一类是那些在正常光照下长成"瘦高个儿"的——就像在遮阴条件下一样。如果在某些基因失去功能后植物生长加速，那我们就推测这些基因在植物体内是负责抑制生长的，也就是植物的"刹车"。第二类是那些对遮阴条件视而不见，依然长

成"矮胖墩儿"的植物。如果某些基因失去功能后植物不能
正常长高,那我们就推测这些基因在植物体内起到促进生长
的作用,是植物生长的"油门"。第三类是那些对遮阴条件
超敏感的。它们在正常条件下与其他幼苗没有区别,同处
在遮阴条件下时会长得比其他幼苗要高。这些基因平时也应
该是类似"刹车"的功能,参与到维持植物正常形态建成当
中。利用这样的方法,科学家们先后找到了许多植物生长过
程的调控因子。比如之前介绍的光敏色素,就是一种很典型

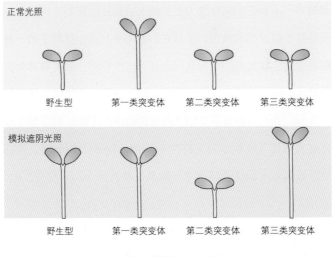

遮阴突变体筛选示意图

的"刹车"因子。它失去功能之后植物就会对外界光照条件的变化"视而不见",致使幼苗在正常的光照下也长成细高的样子。科学家们还发现,除了这些"油门因子"和"刹车因子"之外,一些小分子化学物质也可以调控植物的生长。这类小分子被称为"植物激素"。它们同样在植物的生长发育中扮演着很重要的角色。关于植物激素,下一章会有详细的介绍。

自然界中的大多数植物在弱光下都会加速生长,希望尽快摆脱被遮挡的状态。但也有一些例外,比如森林中底层的灌木和草本,不管它们怎样努力生长都无法超过上层的大树,永远只能处于被遮挡的状态。于是它们退而求其次,找到了另一条生存之道:以更高的效率利用弱光。这些植物一般有着薄而大的叶片,叶子表面角质层很薄,表皮细胞多呈透镜状以便于聚焦光照。这些特征使得它们可以在遮阴条件下很好地生长,因此这类植物又被称为阴性植物(shade plant)。相应地,那些需要较强的光照才能健康生长的植物就被称为阳性植物(sun plant)。

基于以上的研究结果,人们可以通过合理控制光照条件使植物长成我们所需要的样子。比如,人们需要烟草的叶片,不希望它们长得太高，因此在种植烟草的时候就要留出足够大的间距，减少植物之间的相互遮挡，通过增强"刹车因子"的作用来保证叶片的产量。而在种植对木材长度要求比较高的树木时，我们可以通过密种人为制造遮阴环境，加大"油门"，使树木加速向高处生长。

花儿何时开

"去年今日此门中，人面桃花相映红。人面不知何处去，桃花依旧笑春风。"年复一年，四季轮回，植物总能随着季节的更替而萌芽、开花、结果、枯萎。每当阳春三月，春风拂面之时，各处的山桃花便有如事先约好一般纷纷盛放。不知道你是否思考过，为什么桃花每年总能在三四月份准时开放呢？

美国科学家加纳（W. W. Garner）和阿拉德（H. A. Allard）在1918年首先发现，昼夜长度是影响植物开花的主要因素。相较于一直在室外生长的植物，每天被人为减少光照时间的植物会提前开花。每种植物都有促进其开花的光照时间长度临界点。植物感知到光照时间长度符合预期时就会开花。加纳和阿拉德的研究具有奠基性的意义。在他们之前，植物学的研究一

桃（*Prunus persica*），长日照植物

般都是在野外进行。而由于野外环境中降水、土壤、温度、光照强度等许多环境因素都在变化，很难最终确定哪个才是植物开花的原因。他们首次在研究中引入了人工植物培养室（暗室）。暗室可以很好地控制光照时间这一变量，使研究更加可控，结果也更有说服力。后来的研究者用类似的方法修正和完善了加纳和阿拉德的结论，发现植物感受的其实并不是白天的长度，而是夜晚的长度。而且植物对光的感知很灵敏，只要在黑夜中给植物几秒钟的光照，植物就会"忘记"之前经历过的黑暗，中止开花计划。

不同的植物开花所需的夜晚时间长度有所不同。每年春天，万物复苏，大地返青，逐渐展现出"乱花渐欲迷人眼"的景象。大部分植物之所以能在每年春天准时开花，主要是因为春天白昼时间逐渐加长，夜晚时间逐渐缩短。一些植物在感受到光照的时间长于临界值（黑暗时间短于临界值——通常是7—10小时）时，就开始启动开花。植物学上称这一类植物为长日照植物（long-day plant）。我们在早春时节看到的桃花、樱花，还有成片的油菜花，都是典型的长日照植物开出的花。而夏至以后，白昼缩短，黑夜增长，就到了菊花开放的日子。"待到秋来九月八，我花开后百花杀"，说的正是在百花凋

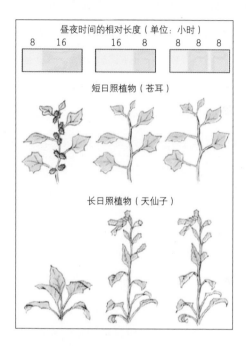

长日照植物与短日照植物开花模式图

短日照植物（苍耳）在夜晚时间长于16小时（光照时间短于8小时）时开花。当在夜晚的持续黑暗中加入短时间光照后，短日照植物不会开花。长日照植物（天仙子）在夜晚时间短于8小时（光照时间长于16小时）时开花。夜晚加入短时间光照不影响长日照植物开花。

谢之时菊花傲霜盛开。这类植物须要感受到光照时间短于临界值（黑暗时间长于临界值——通常是12—16小时）才会开花，因此称为短日照植物（short-day plant）。除了这两种之外，还有一些植物开花对昼夜时长要求比较苛刻：甘蔗是中日性植物（intermediate-day plant），开花需要白昼在11.5—12.5小时；芦荟是长短日植物（long-short-day plant），在白昼逐渐变长时长出花芽，但开花是在白昼逐渐变短时；白车轴草为短长日植物（short-long-day plant），在日照变短时长出花芽，而在日照变长时开放。与之相对，也有很多植物开花对时间的要求并不严格，比如我们常见的月季。月季在春夏秋三季几乎可以月月开花，不受日照时间长度变化的影响。这一类叫作日中性植物（day-neutral plant），是做绿化和观赏植物的好材料。

植物选择一昼夜中光照时间的长短作为决定开花的依据有其独特的原因。我们常常有这样的生活体验：早春时节户外暖意融融，于是我们开心地脱去了冬装，但刚换上春装没几天，又被"倒春寒"打了个措手不及。春秋两季变天的时候，也是最容易患感冒的时候。对植物来说，开花是涉及传宗接代的大事，要消耗体内储存的大部分能量，因此必须尽可能保证一次成功。在自然环境中，春天到来最稳定、最准确的标

白车轴草（*Trifolium repens*），短长日植物

志就是光照时间变长。光照时间长度取决于地球和太阳的相对位置。光照时间达到一定长度，就代表着地球和太阳处在确定的相对位置上，此时的温度、水分等条件都相对稳定。除光照时间长度之外，其他因素都有很大的不确定性。一旦植物被早春多变的天气蒙蔽，在尚未真正入春时提前开花，娇艳的花朵很容易被"倒春寒"冻伤。一旦花朵受伤，植物就错失了一整年的繁殖机会，这可是付不起的昂贵代价。而长日照植物和短日照植物则是不同地区的植物长期适应自然环境的结果。长日照植物大部分起源于中高纬度地区，这些地区冬季漫长而寒冷，植物要以"耐心"对抗严酷的自然环境，只有等到春天真正到来才敢把最娇美同时也是最脆弱的花儿绽放。相反，那些起源于低纬度地区的植物面临的挑战是高温干燥的旱季，9月前后才是最适合它们生长繁殖的时候——在光照时间短于一定长度时才开花，可以最大程度避免高温对花朵的伤害。

了解了植物开花的奥秘，就可以利用它来实现我们的各种目的。每年国庆节，城市里大大小小的花坛都会摆上各种造型的鲜花。让花卉在国庆节期间集体开花，少不了培养室里的光周期调节。以菊花、一品红等短日照观赏植物为例，只须提前

月季（*Rosa chinensis*），日中性植物

几天人为缩短光照时间，它们就可以美美地开花，"登坛亮相"了。而对于甘蔗等经济作物，我们则不希望它开花消耗原本贮存在甘蔗秆里的能量。为此，只须在田里装盏灯，每天半夜的时候开几分钟，就足以打乱甘蔗原本的光周期，破坏它的开花计划，断了它"花枝招展"的念想。

夸父逐日

　　《山海经》中记载，黄帝时期巨人夸父为了追上太阳不知疲倦地拼命奔跑，直到最后渴死也没能成功。植物界也有这样一位"夸父"，就是向日葵（*Helianthus annuus*）。向日葵因其花朵经常朝向太阳而得名，它的这一特点也常与人们向往温暖与光明的美好心愿联系在一起。在古代的印加帝国，向日葵被当作太阳神的化身。我国宋代名相司马光，也曾用诗句"更无柳絮因风起，惟有葵花向日倾"，表明自己不愿摧眉折腰，对国家忠心不二的态度。向日葵追逐太阳的奇特习性令人着迷，可你是否思考过，向日葵没有动物的骨骼和肌肉，是如何做到随着太阳转动的呢？所谓的"逆光向日葵"究竟又是怎么回事呢？

　　向日葵追随太阳的现象很早就引起了科学家们的好奇。早

向日葵（*Helianthus annuus*）

在1898年，美国植物学家约翰·沙夫纳（John H. Schaffner）就系统地记录了向日葵花盘每天的运动轨迹。他将向日葵的运动分成了四个阶段：第一个阶段是从日出到日落，在这期间向日葵会追随着太阳运动，从东边转到西边；第二个阶段是从黄昏到晚上10点，在这段时间向日葵会由朝西边转回竖直的状态；第三个阶段是从晚上10点到凌晨1点，向日葵一直保持竖直状态；最后一个阶段是从凌晨1点到黎明，在这段时间向日葵快速地向东边转动，以保证太阳刚升起时自己是面向太阳的。

我们坚信向日葵会始终追随着太阳运动，但多年以来也不断有人对此提出各种质疑。早在1890年，植物学家凯勒曼（W. A. Kellerman）就曾报道，在连续几天的观察中向日葵只有极小幅度的运动，并未追随太阳。而我国当代女作家张抗抗也曾在天山脚下观察到一大片背对太阳的"逆光向日葵"。这又是为什么呢？原来，他们观察的是不同时期的向日葵。向日葵所处的时期对花盘的运动至关重要。向阳运动只有在尚未开花或刚刚开放的向日葵中才能观察到，一旦授粉完成，向日葵的花盘就不再追随太阳运动，而是一直朝着东方。此外，这种向阳运动还会受到其他环境因素的影响，比如湿度。在很干燥或者很潮湿时，向日葵的运动都会大幅度减小，甚至基本保持不动，只有在湿度适宜的时候才能观察到向日葵花盘明显的向阳运动。

确定了向日葵的运动规律之后，科学家们开始探究向日葵运动的特征。首先他们观察到，向日葵的弯曲部位一般在顶端以下4—5英寸（10—15厘米）的位置。科学家对向日葵的顶端和弯曲部分的茎的左右两侧分别进行破坏，发现这些都不能影响向日葵的运动。而当去掉向日葵的叶子后，它就不能再向着太阳运动了。这说明向日葵的叶片对于花盘的运动至关重要。它的叶片可以探测太阳的方向，为花盘追随太阳运动提供必要的条件。

向日葵又是如何实现跟随太阳运动的呢？2016年，《科学》杂志的一篇封面文章揭示了这种现象背后的部分机制。植物中茎秆的弯曲大多是由两侧的生长速度不同导致的，如果茎的一侧生长快一侧生长慢，茎秆就会自动向生长速度慢的一侧弯曲。科学家们检测了向日葵花盘运动时东边和西边茎的生长速度，发现白天东边一侧的茎比西边的茎生长速度要快，而到了晚上，西边的茎的生长速度要快于东边。这与向日葵花盘白天自东向西、晚上自西向东的运动轨迹相吻合。科学家们还进行了一些很有趣的实验：他们把向日葵种在小盆里，在傍晚时，

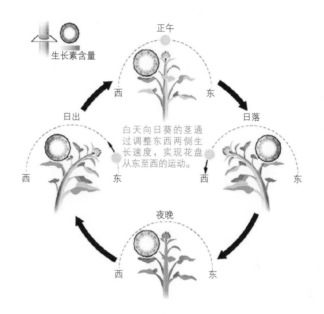

正午

西 东

日出 日落

白天向日葵的茎通过调整东西两侧生长速度，实现花盘从东至西的运动。

生长素含量

西 东

西 东

夜晚

西 东

向日葵转动原理（改编自Stacey L. Harmer，2016）

图中圆环代表茎横截面上生长素的浓度。颜色越深代表生长素浓度越高，茎的生长速度越快。日出时分太阳位于东边，茎中生长素的浓度西侧显著高于东侧，因此西侧的茎生长速度比东侧快，花盘朝东侧弯曲。同理，日落时分太阳位于西侧，向日葵茎中生长素的浓度东侧显著高于西侧，因此东侧生长快，使花盘朝西侧弯曲。而正午时分和太阳落山以后，茎中生长素在各个方向上都很平均，茎的生长速度也比较一致，因此花盘保持直立向上。

把它们从西边转到东边，人为改变向日葵花盘的朝向；或者用绳子将向日葵固定，让它不能转动。经过一段时间后科学家们发现，当向日葵受到干扰不能正常转动时，它的生长状态就会明显变差。此外，当有些基因不能发挥作用，向日葵因此不能正常生长甚至几乎不生长时，它的花盘也就不能再追随太阳转动。而用化学物质恢复茎的生长后，向日葵的向阳运动也会随之恢复。这些实验进一步证实，茎的正常生长对于花盘的转动十分重要。向日葵花盘的转动是靠花盘下部的茎不停调节两侧生长速度实现的。

向日葵的这种运动究竟是如何控制的呢？科学家们又开始了实验：他们把野外的向日葵转移到了人工培养箱中。培养箱里有持续光照，没有昼夜变化。科学家们发现培养箱中的向日葵在开始的几天仍会按之前的节律转动，可如果人为将生物节律周期（白天+晚上）延长到30个小时，向日葵之前"习惯"的规律运动就会被打破，继而再将生物周期恢复为24小时，规律运动又会恢复。这说明向日葵的向阳运动与植物自身的"生物钟"相关，同时也会受到外界环境的影响。生物钟是生物体内一种无形的时钟，是生命活动在一天24小时内周期变化的内部规律。假如我们乘坐飞机去往地球另一边的美国，初来乍到会出现"时差":白天我们十分困倦,想要睡觉,而晚上却是我们最精神的时候。这是人体内部的生物钟与外部昼夜不一致导致的。但是几天后,我们的生物钟就会调整适应新的昼夜变化,成功实现"倒时差"。与人类似,植物也会以24小时为一个周期,在体内形成自己的生物钟,通过感知一天内的光照与黑暗来自我调整。

那为什么成熟的向日葵就不再转动,而一直面向东方呢?前面我们已经说过,向日葵是通过调整茎的生长速度来实现转动的。已经成熟的向日葵茎基本不再生长,也就不会出现两侧生长速度不一致导致转动的现象了。成熟后持续面向东方的向日葵能在早晨最先接受阳光的照射,使花盘的温度快速上升,吸引更多授粉的昆虫。科学家测量了面向东边的和面向西边的向日葵花盘的温度,并观察了花盘吸引的昆虫数目,发现早晨朝向东边的向日葵明显更温暖,更受昆虫的喜爱。而当我们给面向西边的花盘加热,使其温度升高到和面向东边的花盘一样高时,发现它也会吸引到较多的昆虫。看起来,虫子们更喜欢温暖的向日葵。成熟的向日葵选择在早上昆虫活动频繁的时候面向东方更有利于"传宗接代",这具有很重要的生态意义。

闻香而至

"远闻其香，而知君至矣。"自古以来，浪漫而神秘的闻香识人给予了人们无尽的美好遐想。然而我们可曾想过，植物是否也有"闻香"的绝技呢？换句话说，嗅觉既然是我们感知世界的一个重要方式，那它是不是也是植物感知周围环境的方式之一呢？

这一定会让许多人感到困惑：植物又没长鼻子，怎么可能闻到气味呢？要讨论这个问题，我们要从嗅觉的定义说起。《现代汉语词典》对嗅觉的解释是：鼻腔黏膜与某些物质的气体分子相接触时所产生的感觉。如此说来，植物既没有鼻子也没有大脑，嗅觉当然也就无从谈起了。但如果我们将这个定义放宽一些，将嗅觉定义成"感知外界气味的能力"，那嗅觉不但在植物中广泛存在，而且植物嗅觉的灵敏度和通过嗅觉得到的信息量会远远超乎人们的想象。

我们先来认识一种"奇怪"的植物——五角菟丝子（ *Cuscuta pentagona* ）。它与我们印象中的植物差距实在太大了：它没有根，没有叶子，看上去就是一团橙黄色的藤蔓攀爬缠绕在其他植物上。由于没有绿叶，它自己并不能通过光合作用制造养分，完全是靠"吸器"吸取其他植物制造出的营养维生，那些被它缠绕并吸取营养的植物就是它的"寄主"。番茄可谓是菟丝子的"真爱"。科学家们做了各种实验，发现无论将番茄放在光下还是黑暗中，菟丝子都会"执着"地向着番茄生长，丝毫不理会旁边的小麦和看上去和番茄一模一样的模型。菟丝子是如何找到番茄的呢？科学家们做了一个有趣的实验：他们将番茄和菟丝子分别放在密封的箱子里，两个箱子仅由一根细管相连。经过一段时间后，发现菟丝子总是向着管子的方向生长。这究竟是怎么一回事呢？科学家推测，番茄在生长过程中会向空气中释放一些特殊的"番茄味"气体。这些气体分子顺着细管从番茄箱子飘到菟丝子箱子里。菟丝子"闻"到了它深爱的"番茄味"，于是就向着这个气味的源头，也就是管口的方向生长了。为了验证这一猜想，科学家们又将番茄茎的提取物涂抹在棉签上，并将这一棉签和其他一模一样的棉

菟丝子（*Cuscuta reflexa*）（图中黄色藤状植物）

签一起摆在菟丝子的周围。结果发现菟丝子总能准确地向着这个棉签生长，而不理会旁边的棉签。通过这两个实验科学家得到结论：菟丝子确实是靠"闻"番茄的气味找到寄主的。

随着技术的发展，现在我们对植物的"气味"有了更加深刻的认识。像动物活着的时候会散发气味和热量一样，活着的植物也会向外界释放独特的气味。气味分子的化学本质是可挥发的小分子有机物，称"生物合成的挥发性有机化合物"（BVOCs）。不同植物气味不同，也就是说它们挥发出的有机物的成分和比例不同。植物可以感受到周围存在的各种植物气味，从而了解自身所处的环境，甚至实现彼此之间的交流。科学界为这种现象起了个专业的名字：化感作用（allelopathy）。化感作用指的是，植物通过向环境释放特定的化学物质，从而影响自身和周围植物生长发育的现象。那些植物合成并释放的能起到信号作用的气味分子被称为化感物质。美国科学家莱斯（Elroy L. Rice）根据化感物质的分子结构将其分成了14大类。而从功能上说，化感物质对植物的作用可以简单地归纳为"促进生长"和"抑制生长"。顾名思义，"促进生长"类的化感物质可以使植物自身和周围的植物加快生长。目前研究比较多的促进型化感物质是独行菜糖素（lepidimoide）。这种物质是日本科学家于1992年最早从独行菜（*Lepidium sativum*）的发芽种子中提取出来的，能显著促进幼苗茎的伸长与叶绿素的合成。自然界中"抑制生长"大类的化感物质就更多了，其中具有代表性的是胡桃醌（juglone）。黑胡桃（*Juglans nigra*）的枝、叶、果实及根中都含有胡桃醌的前体物质。枝叶从树上脱落后掉在地下，经过雨水反复淋溶浸出和微生物分解，胡桃醌便逐渐被释放出来。土壤中积累的极微量胡桃醌（十万分之二）能有效抑制其他植物种子的萌发。由于土壤中胡桃醌的积累，黑胡桃树下很少有杂草生长，这样黑胡桃树便可充分利用土壤中的营养物质，不用担心被其他植物"抢食"了。在水生植物中这一现象则更加普遍。研究表明，许多水生植物，如凤眼莲、浮萍、芦苇等，都能够通过化感作用抑制水中藻类的繁殖。从这些植物分泌的化感物质中分离筛选出高效的除藻剂，也是现在的一个研究热点。

化感物质并不只是用来影响其他植物的，植物产生并释放一些化感物质也能对其自身及周围的同种植物产生影响。研究野生棉豆（*Phaseolus lunatus*）的科学家发现了这样一个有趣的现象：当叶子被甲虫啃咬时，棉豆便会向空气中释放一些化学物质来驱虫，同时它的花也会分泌出更多的花蜜，吸引甲虫

独行菜（*Lepidium virginicum*）

的天敌过来。科学家们通过塑料袋隔离叶片的方法证实这两种现象都是通过化感作用实现的。当甲虫啃咬棉豆的叶片时，受伤的叶片会迅速产生一些化感物质，通知周围的叶片："我现在被虫子吃啦，大家快和我一起产生化学物质把虫子赶走！"同时通知花儿："甲虫来吃叶子啦，快产生花蜜让它的天敌过来！"就像长城上的烽火台一样，当棉豆的任何一处遇到危险时，释放出的化感物质就像烽火一样迅速调动起整个大军进行防御。这样的机制使植物对昆虫有了更强的抵抗力，保护植物免受更大的伤害。而距离这棵受伤的棉豆很近的其他棉豆也可以"闻到"这种化感物质，从而及时采取预防措施。

植物分泌的化感物质就如同改造环境的魔法棒，可以将周围的环境改造得最利于自己生存，从而保证它在生存竞争中获得最大的优势。在我们的农业生产中，化感作用也一直扮演着重要的角色。有经验的农民都知道，有些作物种在一起都会增产，而有些作物种在一起不是一方受害就是两败俱伤。这其中很大的原因就是作物间存在着化感作用。利用好作物间的化感作用合理套种，可以提高农田的生产力，还可以抑制农田中的杂草和病虫害，增产又环保。利用化感作用进行作物规划管理已经成为农业现代化的一个重要方向。

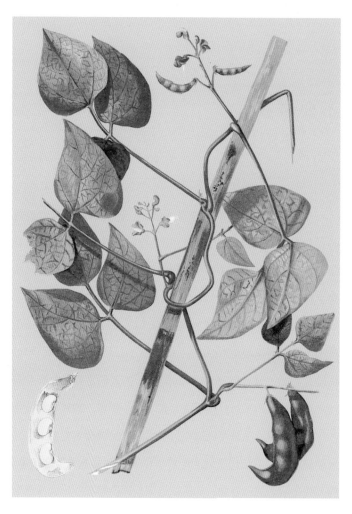

棉豆（*Phaseolus lunatus*）

不要碰我

大自然中有这样一种神奇的植物：阳光明媚、天气温暖时，它的大叶片两侧的线形小叶会自发沿着椭圆形的轨道转动，风姿绰约宛如蚨蝶翻飞。即使丝毫无风，观之亦有微风吹拂之感，让人不禁赞叹大自然的鬼斧神工。

这位植物界的"舞女"名叫舞草（*Codariocalyx motorius*）。英国生物学家达尔文（Charles Robert Darwin）早在1881年就描绘过它的"舞姿"，但直到20世纪初，人们才弄明白舞草舞动叶片原来是为了对付"不速之客"——蝴蝶。蝴蝶常在植物叶片背面产卵，一来可以避免风吹雨打以及捕食者的攻击，二来蝴蝶幼虫刚孵化出来就有叶片可供享用，过上"饭来张口"的无忧生活。另一方面，那些被选来产卵的植物叶片就难逃厄运了。而舞草微微翕动的叶片，远远看去就像一只蝴蝶栖息在

舞草（*Codariocalyx motorius*）

叶片上慢慢开合翅膀，准备产卵的蝴蝶见此情景，以为这片叶子已经被别的蝴蝶捷足先登了。大多数蝴蝶妈妈为了减少自己孩子身边的竞争者，都会另择叶片产卵。即便舞草不幸被蝴蝶产了卵，舞动的叶片也会吸引鸟类等动物前来。鸟类不会伤害舞草，却足以让附着在叶片背面的蝴蝶卵和已经孵化的幼虫遭殃。舞草正是以这种巧妙的方式，保护自己不受蝴蝶幼虫的侵扰。

舞草婀娜多姿，却有很强的"戒心"，一旦被人或其他物体碰触，舞动的叶片便立刻脱力垂下。像舞草这样懂得保护自己的植物还有很多，如我们所熟知的含羞草（*Mimosa pudica*），以及感应草（*Biophytum sensitivum*）、羽叶决明（*Chamaecrista nictitans*）等。这些植物的叶片都极为敏感，水滴落下或者动物触碰都会让它们羞怯地低下头，甚至脚步的震动都会引起叶片的反应。这些植物究竟是如何做到对碰触快速反应的呢？它们这样做的意义又是什么呢？科学家通过不断研究，已经找到了部分答案。

含羞草原产于南美热带地区，那里温暖、湿润，适于含羞草生长，但频发的暴雨却是个麻烦。如遇强对流天气，雨滴下落的速度可达4—6米每秒，对含羞草柔弱的叶片冲击很大。为了避免

含羞草（*Mimosa pudica*）

被雨滴砸伤，含羞草被砸中一次之后，被砸中的叶片和周围几个叶片就会迅速闭合，叶柄也会垂下，降低再次被砸中的概率。即便再度被砸中，闭合的叶片和垂下的叶柄也可以很好地化解冲击力。雨过天晴，闭合的叶片徐徐张开，叶柄上举，含羞草重新沐浴阳光，茁壮成长。

常见的含羞草还有位"远房亲戚"——一种生长在北美草原上的含羞草（*Mimosa nuttallii*）。这种含羞草是食草动物的佳肴。为了避免成为食草动物的盘中餐，其叶片也形成了独特的适应性：一旦被昆虫之类的小型食草动物接触便会迅速耷拉下来。这一快速运动会让小动物以为撞上了捕食者的陷阱，从而被吓退。而牛羊等大型食草动物在草丛中嗅探时，含羞草感受到震动，也会迅速闭合叶片。牛羊见它又瘦又小，思量着吃起来肯定不过瘾，说不定就会"嘴下留情"，叫它躲过一劫。

舞草的轻歌曼舞和含羞草的云娇雨怯，看起来迥然不同，但背后的原理却意外地相似：都依托于基部一个名为叶枕的精巧结构。叶枕主要由上下两层运动细胞组成，运动细胞内有发达的液泡，液泡中饱含水分，把运动细胞个个都撑得紧绷绷的。含羞草受到刺激时，下层运动细胞液泡中的水会迅速流入细胞间隙。失去水分的运动细胞大小只有原来的四分之三，不再绷紧，因此叶柄就会耷拉下来。而收缩信号消失之后，下层运动细胞重新吸水膨胀，叶柄随即重新立起来。这些运动细胞就像汽车的轮胎一样，控制着整台车的平衡：哪侧的轮胎撒了气，汽车就会歪向哪侧，气打足了，汽车又会正过来。而舞草的小叶的周期性上下运动也与其叶枕中的运动细胞密切相关：叶枕上层的运动细胞膨胀，下层的运动细胞收缩，小叶就会渐渐低下头去；叶枕下层的运动细胞膨胀，上层的运动细胞收缩，小叶就会缓缓抬起头来；上层和下层运动细胞交替收缩膨胀，舞草的叶片就会"舞动"起来。

舞草俗名叫电报草（telegraph plant）。传说欧洲人认为它的叶片舞动好像是海军在用旗语交换信息，因此用"电报"这个常用的信息传送方式来给它命名。舞草和电报确实有一个共同点：用电信号传递消息。科学家们把微电极插入舞草的叶枕，测量运动细胞的细胞膜电压，出乎意料地观察到细胞膜电压在-136毫伏到-36毫伏之间周期性地震荡，而震荡的周期大约为200秒，恰好是舞草叶片转一圈的时间。细胞膜电压的变化一般是由带电荷的离子浓度改变导致的。科学家们发现，在细胞膜电压从-36毫伏下降到-136毫伏的过程中，叶枕中的pH值下降，钾离子浓度增加。这说明带正电的钾离子和氢离子在流出细胞。当电压达到−136毫伏时，钾离子不再流出细胞，而带正电的钠离子则迅速流入细胞，于是电压停止下降并开始上升，一直升到−36毫伏。同样的原理也适用于含羞草。科学家们在含羞草叶片垂下的过程中检测到了叶枕中相似的电压变化和离子流动。科学家们还发现，用1.5伏以上的电压电击一下含羞草的叶枕，含羞草会在没有任何触碰的情况下发生"害羞"的行为。这充分说明了含羞草是通过电信号控制叶片的。电信号引发了离子的流动，而离子流动又与运动细胞的变化相互关联：离子与水一起流出运动细胞，使得运动细胞收缩；离

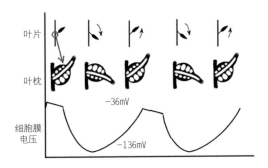

舞草叶片运动的原理（改编自Bernd Antkowiak，Planta，1995）

舞草可以运动的叶片基部有叶枕的结构，叶枕中的细胞有发达的液泡。当电压变化时液泡内的水分和带电离子在液泡内外流动，使得叶柄两侧的细胞压力不一致，叶柄发生上下运动。

子流入细胞时，水也一同进入细胞，细胞便会膨胀。这样植物就完成了从感受触碰，产生电信号，电信号控制水的进出，水的进出导致叶片运动的全过程。

人们很早之前就注意到舞草会"跳舞"，也留意到含羞草会"怕羞"，但只停留在赏玩的阶段，未能解释这些行为的意义和原理。直到20世纪，科学家们以严肃的科学眼光重新打量这些奇特的植物，用新的实验技术进行研究，才发现这些奇特的行为背后是植物对环境的高度适应。这种以小见大也能带给我们一些启示吧。

隔墙有耳

虞美人草闻乐而舞。早在一千多年前的北宋时期，沈括在《梦溪笔谈》中讲述了这样的一个故事。据说有一种草，在"听"到《虞美人曲》的时候，它的叶子便会随着乐曲翩翩起舞，对其他曲子则置若罔闻。一位精通音律的高邮人桑景舒对此很感兴趣，便根据《虞美人曲》的音律创作出另外一首曲子。果不其然，虞美人草也会以舞相和。桑景舒将这首曲子命名为《虞美人操》，从此在民间广为流传。

在印度也有类似的记载。有一位科学家，同时也是一位小提琴爱好者，他每天早上醒来都要在自家的院子里演奏小提琴。后来，他发现院子里的植物要比院子外的更茂盛。经过一番仔细研究，他发现院子内外的光照、温度、湿度、空气成分等都没有明显的差别，只是院子里的植物每天"聆听"他的琴

虞美人（*Papaver rhoeas*）

声，而院子外的植物则不然。于是他得出结论：植物能"听懂"音乐，小提琴美妙的乐声能促进植物生长。

关于植物"听"音乐的传说还有很多很多，但是真正关于植物听觉的科学研究却很少很少。这其中的原因之一是，有关植物听音乐的实验有很大一部分都是由音乐和科学的爱好者完成的，如果从严谨的科学角度看，这些实验在条件的控制、对照的设置等方面很多都存在一些问题，不能轻易地根据"实验结果"下结论。

植物听觉方面的科学研究始于著名生物学家达尔文。达尔文试图通过对着含羞草演奏大管来促进它的叶片合拢，结果没有成功。达尔文在记录中说这真是一个"愚蠢的实验"，他认为植物根本不"听"音乐。

之后过了很久，20世纪60年代音乐家雷塔拉克·多罗西（Retallack Dorothy）的研究再一次吸引了公众的关注。雷塔拉克是当时著名的女中音歌唱家，她在坦普尔音乐学院进修时为了完成学分，选修了"生物学概论"课程。在课程作业中她将自己热爱的音乐与植物结合在一起，写成了《音乐之声与植物》一书。雷塔拉克作为社会保守派，坚信古典音乐可以让自然万物达到和谐，而吵闹的摇滚乐则会带来危害。为了证明这一观点，她选取了几株不同种类的植物，分别将其暴露在唱片机滚动播放的古典音乐和摇滚乐下。几周之后她发现"听"摇滚乐的植物生长状态明显变差，叶子萎蔫枯黄，而"听"古典音乐的植物却生机勃勃。于是她得出结论：摇滚乐可以抑制植物生长。

这个实验设计有对照，结果也与她的推测和大家的认知相符，看上去似乎没什么问题，因此她的结论一经报道就迅速引起了大众的关注。不过若是从科学研究的角度去看，她的实验还是存在许多问题的：她在实验过程中使用的植物数量很少，每种都不到5株，无法进行统计分析；她在实验前没有比较这些植物原本的生长状况，在实验过程中水分、光照、温度等条件也没有严格控制；最最重要的是，她没有重复自己的实验结果，而其他专业的科学实验室也没能重复出她的结果。因此雷塔拉克的这一实验不能算是严谨的科学实验，其结果也不能完全说明问题。

之后陆续还有一些关于植物"听"音乐的研究，其中最有趣的要算是彼得·斯科特（Peter Scott）给玉米种子"听"音乐的实验了。他将同一批收获、遗传背景完全相同的玉米种子随机分成三份：一份置于安静环境下，一份"听"莫扎特的古典交响乐，另一份"听"密特·劳弗的摇滚乐。几天之后观察，发现相较于安静环境下的种子，"听"音乐的两份种子萌发率都有明显提高，但"听"不同音乐的两份种子差别并不大。这一结果对于相信植物有听觉的人来说算是个好消息，但对于那些认为莫扎特古典音乐优于密特·劳弗摇滚乐的人来说却是个坏消息。出于严谨性的考虑，彼得·斯科特再次重复了这个实验。而这一次细心的科学家发现了一个小细节：持续播放音乐的音箱表面变得非常热。也就是说，这个实验中不仅有音乐这一个变量，播放音乐的两组种子相对于安静环境下的一组还多了一个热源。为了控制实验变量，他在两个音箱旁边各加了一个风扇，希望风扇能给音箱表面降温。果然，这次实验结果显示，三组玉米种子的萌发率没有明显区别。两次实验结果综合来看，影响玉米种子萌发率的关键因素是热量，而不是莫扎特或者密特·劳弗的音乐。到目前为止，符合科学规范的实验并没有证明植物能对外界的音乐做出反应。因此在科学上，我们目前可以认为植物是"聋子"。

近年来生物声学研究又有了一些新的进展。2012年的研究显示，在种植玉米种子的盆中一侧持续播放同一频率的声音，玉米根尖会朝着声源方向弯曲，且弯曲程度与声音的频率相关。研究者认为，植物之所以会对部分声音做出反应，是由于特定频率的声音与植物细胞内部的固有频率相近，从而使细胞整体发生共振。共振使得细胞的状态发生改变，长时间后可以表现出肉眼可见的效果。换句话说，植物并不是主动在"听"，而是被动感受"振"。植物对声音的反应，其实是被一浪高过一浪的声波"振"出来的。

既然植物是"聋子"，那它们为什么还能在地球上繁荣长达几亿年的时间呢？让我们回过头来想想声音的意义：对于动物来说，声音是周围环境变化的即时信息。动物可以根据声音判断环境中是否有危险存在，决定躲避还是战斗。植物不能移动，对环境信息做出反应也需要相对较长的时间，我们依赖声音获得的即时环境信息对植物来说并没有什么意义。所以植物也就不必消耗能量对声音做出反应了。

科学研究是严谨的，每一个结论都要有坚实的证据支撑，每一个实验证据都要有严格的设计、精确的对照、多方面控制变量、多次重复、统计分析等一系列科学的方法来支撑。并不是所有的实验结果都符合我们的预期，眼见也不一定为实。当我们在各种媒体上看到耸人听闻的"科学实验结果"时，先想一想这个"实验"是不是具备科学研究的要素，然后就能轻松地判断这是真相还是谣言了。

记住冬天

"夫春生夏长，秋收冬藏，此天道之大经也。"《史记》中的这段话告诉我们，顺应自然才是天道，"弗顺则无以为天下纲纪"。若不顺从大自然的法则，通常不会有好的结局。可是，自然界中也存在着一些"逆反"的植物，它们在秋天播种，夏初收割，其中有代表性的便是我们常见的冬小麦（*Triticum aestivum*）。在我国，冬小麦主要分布在长城以南的地区。冬小麦通常在9—10月播种，历经漫长的寒冬之后，在来年的4—5月收获。为什么冬小麦不能春季播种？它们究竟在寒冬腊月里积攒着什么？又是靠什么"记住"冬天的呢？要回答这些问题，我们首先要了解一个概念：春化作用。

最早提出春化这一概念的是苏联的李森科（Трофи́м Дени́сович Лысе́нко）。20世纪30年代，有一次他的父亲误将冬小麦种子当成春小麦在春季播了下去，结果收成非常差。当时还是一名育种员的李森科对这一现象产生了强烈的好奇。经过一番研究他发现，只有冬小麦的种子经历一段湿润和低温处理后，春季播种时它才会像春小麦一样正常开花结实。这个通过低温诱导植物开花的效应便被称为春化作用（vernalization）。通俗点说，春化作用就是让冬小麦的种子或幼苗"经历冬天"。俗语说"冬天麦盖三层被，来年枕着馒头睡"，厚厚的雪层可以像棉被一样维持住低温的环境，同时提供足够的湿度，这正是春化作用所必需的。只有经历了一段足够长的低温时间，植物才会相信冬天已经过去。而如果低温持续的时间不够长，即使在温暖适宜的环境里生长再长时间，冬小麦也只长叶子，不开花结果，自然也就没有收成了。

冬小麦为什么会有这样独特的习性呢？我们知道，开花结种子是关乎植物传宗接代的大事，其重要性不言而喻。而正确的开花时间就是植物能顺利繁殖的第一重保障。如果冬小麦在秋天播种后迅速生长开花，那么当冬季到来时果实还未发育成熟，幼嫩的组织很容易被低温冻死。于是植物决定，只有感觉自己已经度过了冬天才会开花。那么植物如何才能"记住"冬天呢？这少不了它体内几个"独门法宝"的帮助，尤其是一种称为FLC（flowering locus C）的蛋白质，可以说是植物开花的

"司令官"。植物体内的FLC蛋白会阻止植物开花。冬小麦体内FLC蛋白的含量原本很高，但是经历漫长的寒冬后，FLC蛋白的含量会显著降低。FLC蛋白含量降低后对开花的抑制作用就会被解除，植物便可以在合适的条件下开花结实，生殖繁衍。这就是冬小麦不经历春化过程就不开花的原因。

低温又是怎么改变植物体内FLC蛋白的含量的呢？科学家们做过这样的实验：将一株未经过春化作用的植物放在低温下，一段时间之后将其叶片、顶芽、根、茎等不同部分切下来分开培养，分别检测FLC蛋白含量。实验发现，在顶芽、根尖等生长旺盛的组织中只能检测出极少的FLC蛋白，也就是说它们"记住"了曾经经历过低温；而在细胞分裂不旺盛的叶片等其他部位，植物却"失忆"了。这个实验结果提示我们，植物"记住"春化过程的关键部位在细胞分裂旺盛的地方。植物收到寒冷环境的信号之后，会在FLC等开花抑制因子的基因上做个"标记"。细胞分裂后，这些标记也会被带到新细胞中。基因上的标记使得细胞降低了对它们的表达，从而使新生组织中FLC的蛋白含量降低，植物也就"记住"冬天了。

有趣的是，并不是所有的植物都须要经历春化过程才会开花。春天播种秋天收获的春小麦就不须要经历春化过程。为什么同样

小麦（*Triticum aestivum*）

是小麦，冬小麦和春小麦这两个品种的耕作时间如此迥异呢？其实这也是植物适应自然环境的结果。同一种植物分布在不同地区，经过长时间的适应后，会根据当地的气候环境逐渐找到各自最适宜的生长节奏。生物学上将同一物种因适应不同环境所形成的具有稳定遗传差异的小群体称为生态型（ecotype）。其中，根据植物开花是否需要春化作用，可以将一种植物的许多生态型分为夏性植物和冬性植物两大类。夏性植物，指的是那些在生命周期中完全不需要春化，只要条件合适便可开花结果的植物。通常这类植物原产于热带地区，在水分、温度都适宜的几个月时间内迅速生长发育、开花结果。而冬性植物，指的是那些须要经过春化作用才开花，一个生长期要跨越两个年份的植物。这类植物通常原产于四季分明的温带地区。它们在秋天先长叶子，为过冬积累起足够的能量，以便来年春天抢占先机迅速开花，提高繁殖的成功率。

　　漫漫寒冬，当万物都在休养生息时，看似萎靡不振的冬小麦却在源源不断地从土壤中汲取养料，以保证来年苗壮成长。"田家少闲月，五月人倍忙。夜来南风起，小麦覆陇黄。"当麦田里金色的麦浪再次涌动时，我们应该想到，这是冬小麦从量变到质变的华丽蜕变。韬光养晦，厚积薄发，冬小麦与自然对抗，也与自身博弈。

小麦麦穗

第二章

小分子大用途

　　根据环境情况随时协调植物的各种生长发育过程，这听上去可是个艰巨的任务。但是在植物体内，还真有一类小分子承担着这样的工作，它们被称为植物激素。它们由植物自身产生，在植物体内含量极低，但是植物的方方面面都离不开它们。它们就像传说中的魔法药水，只要那么一点点，就能让植物从内到外发生巨大的变化，有时甚至能决定植物的生死。

生长素(IAA)

红杏出墙

　　"春色满园关不住，一枝红杏出墙来。"春天的脚步如约而至，植物们也纷纷从沉睡中醒来，开始在明亮温暖的阳光下茁壮成长。但是对于那些在墙角下或窗台上生长的植物来说，沐浴阳光仍是很奢侈的。它们的生长位置决定它们只能接收从一个方向照过来的阳光，也就是说它们只有一部分叶子能进行光合作用制造营养，其他的叶子只能在阴暗的环境中消耗营养了。这要怎么办呢？聪明的植物想到了好办法：将自己"弯过来"，面向阳光。这样就能使更多的叶片暴露在阳光之下，也就能给自己制造更多的营养了。科学家为植物受到单侧光照射而发生生长弯曲的现象起了个很形象的名字：向光性（phototropism）。墙根下长大的杏树枝条都伸向墙外，窗台上种的花会整齐地弯向窗户一侧，都是这一现象的典型表现。没有骨头和肌肉的植物如何完成向光弯曲这一复杂的反应呢？这要归功于它体内的一种小分子植物激素——生长素（auxin）。

植物向光性研究的第一个突破来自大名鼎鼎的达尔文。达尔文选用了金丝雀虉草（*Phalaris canariensis*）作为研究对象。金丝雀虉草是一种原产于地中海地区的杂草，因为它的种子经常被用作金丝雀的食物而得名。禾本科的种子在萌发时除了长出胚根和胚芽之外，还会长出另外一个结构——胚芽鞘。胚芽鞘是胚芽外面的一个保护套，作用是防止幼嫩的胚芽在出土过程中受到伤害。胚芽鞘在萌发开始阶段生长迅速，具有很强的向光弯曲能力。再加上这种草随处可见，结种子又快又多，种子也很容易萌发，把它作为研究向光性的材料真是再合适不过了。

为了搞清植物的向光性到底依赖于光本身还是光中蕴含的能量，达尔文首先做了一个简单的实验：他在一间完全黑暗的屋子里点燃了一盏很小的煤气灯，然后把一盆在黑暗中生长了几天的金丝雀虉草放在了离这盏灯12英尺（约合3.66米）的地方。这盏灯非常昏暗，人在里面完全看不见植物。但是只过了3个小时，所有的金丝雀虉草都齐刷刷地弯向了灯光的方向。如此弱的光竟然能强烈地诱发植物弯曲，说明植物并不是吸收

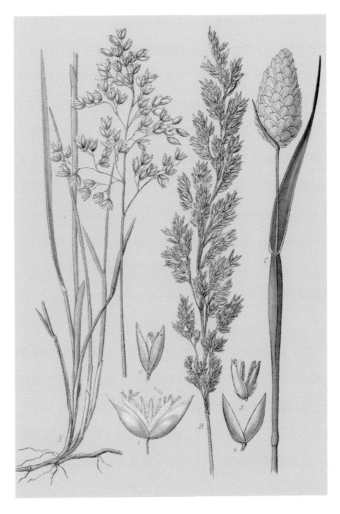

金丝雀蔄草（*Phalaris canariensis*）

了光的能量才改变生长方向的，而是"看到"了光进而主动弯曲的。

　　萌发的金丝雀虉草既然可以"看到"光，那么到底胚芽的哪个部位才是感受光的"眼睛"呢？达尔文猜测，感光的部位应该在茎尖。于是他设计了这样的实验：将同一批金丝雀虉草的幼苗随机分成两组，第一组将茎尖部位切掉，第二组作为对照不做任何处理，然后再放到之前煤气灯的条件下。经过几个小时，发现当对照组已经有了明显的向光弯曲时，那些被切掉茎尖的幼苗依然保持着直立。这似乎暗示着我们，茎尖对于感受光非常重要。不过转念一想，也可能是因为切掉了茎尖对植物造成了很大的伤害，影响到了植物向光弯曲的功能。要真正说明植物感光的部位在茎尖，必须要做一个对植物没有伤害的实验。于是达尔文经过苦思冥想，设计了下面这组实验：将在黑暗中生长的金丝雀虉草随机分成四份，第一份用不透光的小帽套在尖端上，第二份用重量差不多的透明玻璃小帽套在尖端以排除重力的影响，第三份用不透明的小管子套在尖端以下2—3厘米的地方，第四份作为对照不做任何处理。同样将这些样品放在之前煤气灯的条件下。几个小时后，有趣的现象出现了：只有那个被黑色小帽遮住尖端的幼苗保持着笔直生长，另

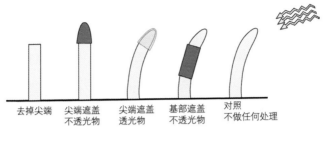

| 去掉尖端 | 尖端遮盖
不透光物 | 尖端遮盖
透光物 | 基部遮盖
不透光物 | 对照
不做任何处理 |

达尔文实验示意图

外三组都出现了明显的向光弯曲。这组实验很好地排除了其他
变量可能对结果的干扰，影响结果的只有尖端是否接受光照这
一个变量。于是，达尔文在1880年出版的《植物的运动力》一
书中给出结论：植物的尖端是真正感受光照的部位。此时达尔
文已经70岁高龄了。他就用这样一组简单但精巧的实验，向
世界揭示了植物的原始视觉，破解了植物向光生长的第一个
谜团。

　　时间来到了1910年，丹麦植物学家詹森（Boysen Jensen）
对达尔文的实验有了新的思考。他觉得既然尖端才是真正感受
光的部位，那它感受到的光信号一定能通过某种途径传到下
部，引发下部的弯曲。那是什么途径呢？要么是物理的，要么
是化学的。物理方式主要是电信号，它可以让植物迅速而准确

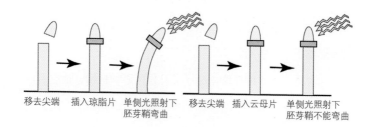

移去尖端　插入琼脂片　单侧光照射下
胚芽鞘弯曲

移去尖端　插入云母片　单侧光照射下
胚芽鞘不能弯曲

詹森实验示意图

地做出反应，但却只是一瞬间，没有连续性；化学方式主要是
通过产生某种物质并扩散或者运输到其他部位。那如何区分这
两种方式呢？詹森想到了一个好主意。他把一个很薄的琼脂片
插到胚芽鞘尖端与弯曲部分之间。琼脂是一种从海藻中提取的
胶质物，与水混合加热再冷却后就像果冻一样，可以透过水但
是完全不导电。把这个东西插到植物中，电信号就肯定传不过
去了。但如果化学信号是一种小分子的水溶性物质的话，它就
能够进入琼脂进而扩散到下部，对植物生长产生影响。果然，
在单侧光的照射下，被单纯切除了尖端的植物并不能弯曲，而
插入了琼脂片的幼苗却可以向光弯曲生长。他还用云母片做了
同样的实验作为对照。云母是一种天然的矿物，不导电也不透
水，化学信号无法穿过它。结果显示，在单侧光的照射下，被

插入了云母片的植物不能弯曲生长。两组实验一起说明插入薄片这个操作本身并不会影响植物弯曲，胚芽鞘尖端是通过化学方式影响下部弯曲的。

这种可溶于水的化学小分子又是如何影响植物，使它弯曲生长的呢？我们先来看生活中的一个关于弯曲的例子。用转笔刀削铅笔，削下来的木屑会自然形成弯曲的形态。这是为什么呢？仔细观察可以发现，把铅笔放在转笔刀里面后，木杆会以一个斜面接触刀口。转动铅笔，外侧削下来的木头会比内侧削下来的多，整条木屑就是弯曲的。那植物的弯曲会不会也属于这种情况呢？换句话说，会不会是尖端产生的化学信号使下边长得一边快一边慢，从而使植物发生弯曲的呢？科学家们针对这一假设开展了实验。1914年，德国科学家拜耳（Paal）将胚芽鞘尖端切下并错位放回苗顶部，发现幼苗即使在均匀光照下，植物也会明显朝向放置尖端的另一侧弯曲。按照之前的假设，这个实验似乎暗示着我们，顶芽中的化学物质是可以使下部长得快的，而正是这种化学物质的不均匀分布引起了植物弯曲。1928年，荷兰科学家温特（E.W. Went）将切下来的燕麦胚芽鞘放到琼脂上，几小时后再将琼脂切成小块，放到刚才切去尖端的植物茎端一侧，在完全均匀的光照下培养。结果发现那些放

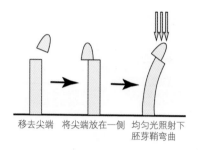

移去尖端　将尖端放在一侧　均匀光照射下
　　　　　　　　　　　　胚芽鞘弯曲

拜耳实验示意图

了含有胚芽鞘化学物质的琼脂的植物会背向琼脂侧弯曲，而作为对照放纯净琼脂块的植物则保持直立。这一实验完全打破了"必须有尖端才能使植物弯曲"的认知，证明仅靠琼脂块中的化学物质就可以达到同样的效果。由这一实验衍生出来的燕麦试法（Avena Test）也成了定量测量生长素含量的经典方法。

　　1934年，人们首次从人尿中分离出了具有生长素效应的化学物质吲哚乙酸（Indole-3-acetic Acid，IAA）。1942年确认吲哚乙酸就是植物体内的生长素，由此开始了对生长素的全面研究。现在，科学家们已经把生长素研究得相当清楚了。生长素主要分布在植物中旺盛生长的组织器官内，如根尖、茎尖、幼嫩的种子等。而植物的向光性弯曲确实源于生长素的不均匀分布。当光照非常均匀时，茎尖端产生的生长素会均匀地向下运

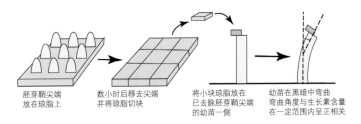

胚芽鞘尖端
放在琼脂上

数小时后移去尖端
并将琼脂切块

将小块琼脂放在
已去除胚芽鞘尖端
的幼苗一侧

幼苗在黑暗中弯曲
弯曲角度与生长素含量
在一定范围内呈正相关

温特实验与燕麦试法示意图

输，使下方的组织直立生长。当光照不均匀时，尖端产生的生
长素会首先发生从向光侧到背光侧的横向运输。这样再向下运
输时，下方组织接收到的生长素浓度就不一样了。背光侧接收
到的生长素比向光侧多，生长得也更快。外侧"不安分"的细
胞越来越多，不断往里挤，茎也就朝着向光侧弯曲了。

　　生长素还有一种神奇的性质：二重性。浓度不同的生长素
会产生两种截然相反的效果：低浓度时促进生长，而高浓度反
而会抑制生长。这在植物体内也有着重要的应用。想必大家都
看到过塔形的雪松吧？它上小下大的树冠就是二重性的典型表
现。距离顶芽最近的侧芽由于得到了自身产生的和顶芽输送来
的两部分生长素，浓度高到足以抑制它的生长；而越往下顶芽
运输来的生长素越少，对侧芽的抑制作用逐渐减弱，侧枝也就
长得越来越大了。如果人为去掉顶芽使侧芽处的生长素浓度降

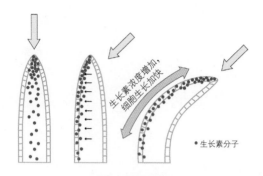

生长素浓度增加，细胞生长加快

• 生长素分子

幼苗向光性原理

　　在均匀光照下生长素从幼苗尖端向下运输，幼苗直立生长。单侧光下生长素发生从向光侧到背光侧的横向运输，使得背光侧生长素浓度比向光侧高，背光侧生长速度快，幼苗向光弯曲。

低，侧芽也能很快地生长起来。农民在培育棉花、茶叶等作物时都会在植物很小的时候摘除它们的顶芽，这样一是防止植株长得太高大不方便采收，二是促使侧芽生长，多开花多结果，提高产量。

　　从红杏出墙到雪松呈塔形，植物界的种种奇观背后都有着生长素的功劳——神奇的小分子发挥了大作用。

赤霉素（GA）

高个儿的烦恼

　　童年时期分泌过多的生长激素会使人长得过于高大，像是从巨人国中走出来的一样，故而这种病称为巨人症。巨人症患者身高通常超过2米。他们虽然看上去高大威猛，但实际上身体非常虚弱，连正常走路都很困难。水稻中也会有这样的"巨人"存在，同样也是由生病造成的。这种病叫恶苗病。生了这种病的水稻在田间疯狂地长高，明显高于正常植株。日本农民将患有恶苗病的水稻称为"愚蠢的幼苗"。因为人们种植水稻是为了收获稻米，而疯长的水稻幼苗只长茎叶，不能正常结实。患恶苗病的水稻，不仅稻米收获量减少超过70%，稻米的质量也有问题。更可怕的是，不同于人类的巨人症，恶苗病具有传染性，可以在水稻之间传播。恶苗病是一种非常严重的农作物病害，一旦暴发，大片良田几乎会颗粒无收。

水稻（*Oryza sativa*）

　　起初人们并不知道是什么导致水稻生病，直到1898年，日本科学家证实了恶苗病是由真菌感染引起的。几十年后，人们发现这种真菌是一类赤霉菌。科学家们给正常生长的水稻接种赤霉菌后，发现水稻会疯长茎叶，表现出类似恶苗病的症状。科学家们还发现，即使将活的赤霉菌去除，只用养过菌的培养液处理植物，植物还是会出现类似的症状。这说明赤霉菌活着的时候向培养液中分泌了某些物质，而这些物质具有促进植物生长的功能。人们将赤霉菌产生的能促进幼苗生长的一类化合物称作赤霉素（gibberellin，GA）。随后科学家发现，原来赤霉素并不只由真菌分泌，植物自身也会分泌。赤霉素可以促进植物种子萌发、茎秆伸长，还可以促进冬性植物开花。时至今日，赤霉素已被列为一类重要的植物激素，在植物生长发育的各个阶段都起到重要的作用。

　　赤霉素其实离我们并不遥远，它有许多故事。

　　让我们从1970年作物育种家诺曼·布劳格（Norman Ernest Borlaug）获得诺贝尔和平奖讲起。第一次听到获奖的消息时，诺曼·布劳格还以为是一个玩笑。诺贝尔和平奖为什么会颁发给一位育种家呢？原来在20世纪后期，科学技术的发展使得医疗卫生水平提升，全世界范围内人口死亡率大大降低，随之而来的是人口的迅速增长。20世纪之初，世界人口仅有16亿，到世纪末就已高达60亿。特别是第二次世界大战结束后，人口更是出现爆发式增长，但全世界的可用耕地面积却没有明显的增加。随着人口越来越多，粮食危机的阴云开始笼罩整个世界。大家都担心如果粮食供应跟不上，迟早会爆发世界范围的饥荒。而大饥荒势必会造成局势的动荡，来之不易的和平将再一次岌岌可危。

中国古代就发生过"易子而食"的可怕的事情。《孟子》中记载："无恒产而有恒心者，惟士为能。若民，则无恒产，因无恒心。苟无恒心，放辟邪侈，无不为已。"孟子认为吃不饱穿不暖的黎民百姓为了生存不择手段，做出违反道义的事，虽然不道德，却值得理解甚至同情。孟子告诉统治者，如果"老者衣帛食肉，黎民不饥不寒"，那么就一定会政权稳固，天下太平。两千年后的今天，人性依然未变。在人口激增的世界，如果大部分人都吃不饱饭，就一定会天下大乱。诺曼·布劳格本人猜测自己获奖的原因：诺贝尔奖委员会将诺贝尔和平奖授予我，是为了强调农业与粮食生产在当今这个"饥饿"的世界中扮演着至关重要的角色。

诺曼·布劳格在粮食生产上的一大贡献，就是选育出了许多矮壮的小麦品种。这些小麦只有普通小麦的四分之三高。这有什么好处呢？首先，矮化的品种不易倒伏。我们常说"树大招风"，植物如果又细又高，经受风吹雨打时很容易从根部或者茎秆处折断倒下，而矮化品种则不容易在外力作用下倒伏。其次，有利于增加产量。正如每个人的精力是有限的，植物的能量也是有限的。如果大部分能量都用来长个子，那么就没有太多能量去结种子，人们的收获量自然就会减少。不止小麦，人们还选育出了高产的水稻矮化品种。这样的品种兼具抗倒伏和高产的特点，同时还有方便管理、秸秆易于处理等优势，无疑是农业生产上的优良品种。

1968年，绿色革命（Green Revolution）的概念被首次提出，说的正是由诺曼·布劳格发起的选育高产品种、改进农业技术这一系列农业革新。诺曼·布劳格也因此被称作"绿色革命之父"。据统计，随着这些高产品种的推广种植以及一系列农业生产技术的变革，全世界范围内的粮食平均亩产可以增加5倍之多。绿色革命帮助至少10亿人摆脱了饥饿的威胁，至少19个发展中国家成功实现了人口高增长率下的粮食自给自足。不断增长的人口终于暂时摆脱了饥饿的威胁。百姓吃饱穿暖，安居乐业，社会也因此更加和谐稳定。

　　高产的植株都有一个共同的特点，那就是长得矮。它们究竟为何会比正常植株矮呢？这就与赤霉素相关了。植物体内的赤霉素就好比一个指挥官，告诉植物要努力向高处生长。为了传达自己的命令，它会通过路上的几个"通信员"传信。在那些矮化的品种中，或是"指挥官"没有正常发令，或是"通信员"出了问题，总之长高的指令没能很好地传达。这样一来，作物就不会消耗过多能量来长高，反而省下大部分能量用来结种子，变成了对人们更有利的高产品种。

　　植物不能正常听令于赤霉素，造就了高产的粮食品种；高产品种保证了粮食的充足，让人们能吃饱饭；大多数人吃饱了饭，又保证了世界的和平。小小的赤霉素分子竟关乎世界和平的大使命！

$$
\underset{H}{\overset{H}{C}} = \underset{H}{\overset{H}{C}}
$$

乙烯（ETH）

果子熟了

　　民以食为天。从古至今人们为了储藏食物想出的办法可谓不计其数，而这些凝聚了人类智慧的办法，往往起源于观察，衍生出科学。其中就有我们一直关心的果实催熟问题。从古至今各地都流传着一些关于果实催熟和保鲜的"偏方"。而现在，许多人也将水果风味和品质的下降归责于人工催熟的滥用。那么，果子的树上熟和人工催熟有什么区别呢？人工催熟究竟是否会影响果实品质呢？这里要说到一种神奇的气体：乙烯（ethylene）。

　　古埃及人会故意砍伤结了果的无花果树，这样会使无花果长得更大，同时也会更快成熟。在中国，人们也曾发现放在供桌上香炉旁的水果成熟得更快。1864年，美国有报道称燃气街灯漏气，使得灯周围的树木更早落叶。19世纪，人们发现将美人蕉的枝干燃烧，产生的烟雾能促使温室中的菠萝开花。点燃的煤油炉也会加快温室中的青柠檬变黄。这些看起来很神奇的"偏方"，就这样世世代代流传着，却没有人能说出个所以然来。

1901年，俄国一位名叫奈刘波（Neljubow）的年轻小伙子在圣彼得堡的一个实验室里做研究生。他的主要实验对象是豌豆苗。他在种植豌豆苗的过程中发现了一个神奇的现象：与室外种植的豌豆苗比起来，室内的豌豆苗总会长成"矮胖墩"——它们更短、更粗，而且还喜欢横着长。他对这一现象十分好奇，于是开始了各种研究。在排除各项因素后，他发现室内的照明灯就是使豌豆苗变形的"罪魁祸首"。他收集了燃气灯工作时产生的气体，鉴定其中的各项组分并一一进行检测，最终找到了影响豌豆苗生长的"元凶"——乙烯。幼苗在乙烯含量偏高的环境下生长时，会表现出"短、粗、横向生长"的趋势。这种表现称为乙烯的"三重反应"。1910年，一个叫卡辛斯（Cousins）的人发现橘子产生的气体能催熟同船混装的香蕉。这是第一次有人提出植物自身能产生一种气体并对邻近的其他植物产生影响。1917年，科学家达伯特（Doubt）发现乙烯会促进果实从枝头落下。至此，乙烯才真正与果实成熟联系起来。而利用乙烯的人工催熟从此蓬

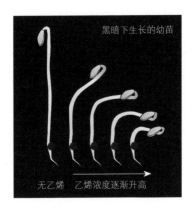

施加乙烯后幼苗的三重反应

勃发展，直到今天依然有着十分广泛的应用。

　　相信很多人对于"人工催熟"有着各种怀疑和困惑。利用乙烯人工催熟的果实是不是有毒？是不是违背了自然生长规律呢？其实这个问题人们从很早就开始探讨了。1934年，英国科学家甘恩（Gane R.）从成熟苹果产生的气体中成功分离出乙烯，证明了乙烯是植物自身产生的天然成分。乙烯由此进入经典植物激素行列。随着枝头的果实不断长大，当植物感觉时机已到，就会主动产生乙烯气体，奏响成熟的号角。号角一响，植物体内的各种物质都开始"忙活"起来：一些酶开始分解叶绿素，合成新色素，于是青、绿被红、黄等取代，果实也呈现出各种诱人的颜色；淀粉转化成糖，让每一颗果实都变得甜滋滋的；果胶分解，褪去了青果的坚硬；不同的水果还会合成各自独有的化合物，释放出水果专属的芳香。可以说，乙烯是负责果实成熟的"司令官"，负责管控植物体内与果实成熟有关的各种化学反应。

说到这儿，我们最开始提到的古代催熟"偏方"就都能解释了：古埃及人砍伤无花果树，是因为植物受伤后会加速产生乙烯，使果实尽快成熟。这也是为什么我们的水果稍微有了磕碰就很快"放不住"了，快速变软甚至腐烂。燃香熏青果，是因为香中有很多植物原料。熏香燃烧不完全，便产生乙烯。美人蕉的碎屑燃烧，也产生乙烯，适量的乙烯可以促进菠萝开花。直到现在，我们的水果储藏与催熟技术也是在利用乙烯这个植物自身的"司令官"。想要水果保鲜，就要想办法抑制乙烯的生成，比如采摘青果子然后低温保存，减慢植物产生乙烯的速度。如果要保鲜更长时间，可以在水果周围放上吸附乙烯的保鲜剂，也可以施用一些乙烯合成的抑制剂。反之，当我们想让水果快速成熟时，就可以人工为其施用乙烯，这样很快就能获得大丰收的喜悦。得益于这样的技术，中国北方的人们才能以如此便宜的价格吃到只能种植于热带地区的香蕉。人们在香蕉只有六成熟的时候就把它采摘下来，打包装箱发往世界各

芭蕉（*Musa paradisiaca*）的未成熟及成熟果实

地。这时候的香蕉尚未成熟，又青又硬，耐得住远道运输的颠簸和挤压，使运输的难度和成本都大大降低。等到了目的地，在上市的前一晚施用乙烯人工催熟，人们买回家放上一两天，就能吃到又甜又软的香蕉了。

人工催熟的果实对人体到底有没有危害呢？目前最常用的人工催熟剂并不是乙烯气体，而是乙烯利（ethephon）的40%水溶液。这主要是因为水溶液更方便储存和运输。实际上，一分子的乙烯利分解会释放出一分子的乙烯，最终还是通过乙烯来进行果实催熟的。乙烯气体可以激发植物的正常成熟过程，这本就与"树上熟"的自然过程一样，谈不到什么毒害。我们常常听到各种"爆料"说催熟的果子有毒，那是因为对于人体来说，人工催熟剂乙烯利本身是微毒的。如果直接服用或不慎过量接触皮肤、进入眼睛等，乙烯利会对人产生很强的刺激，危害人的健康。但在正规的人工催熟流程中，为了控制成本，喷洒前会对催熟剂高度稀释，喷洒的用量也会根据水果的量严格控制，使得催熟后水果上残留的乙烯利微乎其微。再加上我们吃水果之前通常还要经过洗涤和剥皮，这样催熟剂就更不会对人体健康造成危害了。至于水果品质和口感的改变，那很大程度上是品种自身的原因。不同于之前每家每户自己种菜自己吃的小农模式，现代社会中的蔬菜水果大多是大规模集中种植的。自家种菜时会更多地考虑品质和风味。但当农民面对着成百上千亩果园菜地时，出于成本和收益的考虑，他们更倾向于选择那些生长快、果实大、易管理、耐储藏的品种，果实的风味和口感相对来说就没有那么重要了。果实的生长周期短，风味物质的积累就少，吃起来就缺少"小时候的味道"。耐储藏和运输，就要求果实皮厚而坚硬，这样必然会损失掉一部分软糯的口感。人工催熟只是将果实在树上的自然成熟过程"原样照搬"，实现采后的果实由生到熟的转变。至于果实成熟后的品质和风味，远不是人工催熟技术所能影响的。

不慎买了生果子，想吃怎么办？即便家中没有催熟剂，我们也有办法早日吃到成熟的香甜果实，而且是纯天然无污染的。只要选择一些乙烯释放量充足的水果，比如成熟的苹果和香蕉，把它们和生涩的水果放在一个袋子里"闷"上几天，生果子就会变熟。但人工催熟也不是万能的。科学家经过深入研究发现，杨桃、樱桃、荔枝等水果的成熟过程并不是通过乙烯来调控的，因此也就不能通过外源施加乙烯催熟。所以好吃的荔枝和樱桃都要成熟后采摘，极其不耐储藏，须要快马加鞭地运输到目的地，价格自然不菲。在中国北方，果篮子里的大个儿青色杨桃任凭怎么处理也依然又酸又涩，要想吃到又甜又香的杨桃，还是得到南方的产地去。

祖辈们观察到了许许多多有趣的现象，却只知其然，不知其所以然。科学的发展让我们了解到其中的原理并对其加以利用，使我们的生活更加便利。未来还有许许多多的神奇故事，等着我们带上一双发现的眼和一颗好奇的心，去观察，去探索。

脱落酸（ABA）

满地金黄

难忘叶圣陶笔下的银杏树："秋风阵阵地吹，折扇形的黄叶落得满地都是。风把地上的黄叶吹起来，我们拍手叫道：'一群黄蝴蝶飞起来了！'等到黄叶落尽，三棵老树又赤裸裸的了。"

秋天是落叶的时节，当我们面对纷纷飘落的树叶时，往往会有这样的疑问：为什么郁郁葱葱的树叶一到秋天就变成金黄色并纷纷落下呢？这种现象其实是多种植物激素协同作用的结果，其中最重要的一种就是本篇的主角：脱落酸（abscisic acid，ABA）。

脱落酸因其能够抑制植物生长并促进叶子脱落而得名。早在1963年，美国的艾迪科特（F. T. Addicott）等人从棉铃中提纯出了一种能显著促进棉花苗叶子脱落的物质，并称之为脱落素Ⅱ。差不多同一时期，英国科学家也从短日照条件下的槭树叶片中提纯出一种能控制落叶树木休眠的物质：休眠素。1965年，韦尔林（P. F. Wareing）在研究了脱落素Ⅱ和休眠素的化学性质之后，证实它们是同一种物质。这种物质被统一命名为"脱落酸"。

脱落酸是如何促进叶片脱落的呢？如果你留意观察落叶的叶柄，可以发现断裂处十分整齐，与外力折断后参差不齐的断茬完全不同。这是因为叶柄中有几层名为"离层"的细胞，在天气转冷植物准备落叶时，离层细胞的细胞壁会降解，机械强度逐渐降低。终于有一天脆弱的细胞支撑不住叶片的重量，叶柄在离层处整齐地断裂，随叶片一起脱落。很多实验证实，脱落酸并非直接影响离层细胞，而是促进植物合成另一种激素——乙烯。乙烯可以提高离层细胞中纤维素酶、果胶酶的活性，最终使细胞壁降解。由此可见，脱落酸对于植物叶片的脱落起到了间接的促进作用。

除促进落叶外，脱落酸还有其他功能，重要的一项就是促进种子休眠，抑制种子萌发。种子在母体上成熟后，一般会保持一段时间的休眠。休眠期的种子各种生命活动都降到了最低，因此对于外界环境的抵抗力很强，能经受各种不良环境。

栓树（*Acer campestre*）

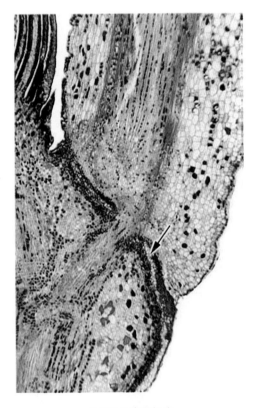

叶柄处的离层细胞

　　叶柄与茎连接处组织切片。中间深红色的部位即为离层细胞（箭头所指处）。

而脱落酸可以使种子保持休眠状态，抑制种子萌发。不能正常合成脱落酸的玉米植株，种子在收获前就会萌发。种子发芽后，营养成分和耐贮藏性都会大大降低，严重影响玉米的产量和品质。为了尽量避免种子在储藏中发芽造成损失，我们可以在长期储存前将种子用脱落酸喷洒或浸泡。这一点对于土豆的储藏尤其重要。土豆是一种新兴的粮食作物，因其产量高，营养丰富，适于在干旱、寒冷等恶劣条件下种植，被称为继水稻、小麦、玉米之后的"第四主粮"。我们所食用的是土豆的地下块茎。对于种子来说，我们可以采用高温干燥的方法来减少其在储藏过程中的发芽损失。但是储藏土豆如果也采用高温干燥的方法，那土豆很快会脱水变干，丧失食用价值。可在正常的温度湿度条件下，土豆又很容易发芽。土豆发芽后会积累龙葵碱，这种物质对人有很强的毒害作用，一次食用超过400克的发芽土豆就可能危及生命。所以在储藏土豆的时候一般都会为其喷洒脱落酸溶液，使土豆块茎保持休眠状态，减少储藏过程中发芽造成的损失。

脱落酸还有一个重要的生理作用是提高植物对逆境（比如干旱）的抵抗力。植物的根系在感受到环境十分干旱时会主动合成脱落酸，自下而上运输到叶片，使叶片上的气孔关闭。气

发芽的土豆（*Solanum tuberosum*）

孔关闭减少了水分蒸发，使更多的水分保存在植物体内，从而降低干旱对植物的伤害。利用这一特性，我们可以通过施用合适浓度的脱落酸来提高作物的抗旱力和耐盐力。实验证明，喷洒脱落酸确实可以提高幼苗在高盐与干旱土壤中的存活率。脱落酸帮助人们征服了更多的土地，降低了干旱对农业生产的影响，是保证粮食产量的"大功臣"。

此外，脱落酸还可以诱导植物提高抗寒抗冻能力。一般来讲，抗寒能力强的植物体内都含有高浓度的脱落酸。喷洒脱落酸可以提高植物的抗寒特性，帮助植物度过漫长的寒冬。目前科学家们正在尝试人为增加作物体内脱落酸的含量，培育抗寒抗旱的新品种作物。希望这些改造后的"植物勇士"能适应更加严酷的自然环境，使更多荒野变为良田。

既然脱落酸对于人们的生产生活有如此多方面的影响，那获取它的成本如何呢？脱落酸在植物体内含量很低，所以提纯天然活性脱落酸的成本非常高。从植物中提取的活性脱落酸售价曾经一度高达230.9美元/毫克，比黄金都要贵上数千倍。由于其昂贵的价格和高难度的提纯技术，脱落酸一直未被广泛应用于农业生产中。不过科学家始终没有放弃寻找廉价生产天然脱落酸的方法。20世纪90年代以来，中科院成都生物研究所的科研人员将合成脱落酸的各种酶转移到微生物中，成功获得了能产生天然活性脱落酸的高产菌株，使得脱落酸的生产成本大幅下降。从此脱落酸开始走进人们的生活，应用于粮食储藏和农业生产当中。

脱落酸是植物体内最为重要的激素之一，它与种子休眠、根系发育、落叶落果、抗旱反应等很多生理过程都有极为密切的关系。植物学家们对脱落酸的研究也从未停歇。相信随着生物科技的进步，人们定会将脱落酸更好地应用于生产实践，让这种神奇的生物分子更好地造福人类。

油菜素内酯（BR）

功臣油菜花

　　"沃田桑景晚，平野菜花春。"大片金黄的油菜花是春夏时节最美的风景之一。每年油菜花开放的时节，广阔的原野上成片的油菜花宛如金黄色的精灵一般，吸引着络绎不绝的游客。油菜还是重要的农作物。油菜的幼苗可以作为蔬菜食用；花是重要的蜜源植物；种子含油量高达35％—50％，可以用来榨油，榨油之后剩下的油渣富含蛋白质，是良好的动物饲料。此外，这样一棵全身都是宝的小小植物还是中国科学事业发展的大功臣，正是它推动了中国植物科研的大大进步。

　　故事很长，要从20世纪40年代说起。那时第二次世界大战刚刚结束，各国都在休养生息。随着人口迅速上升，粮食问题越来越凸显。当时的植物学家希望找到让植物快速生长的"神药"，来解决迫在眉睫的粮食安全问题。美国科学家米切尔

欧洲油菜（*Brassica napus*）

（J. W. Mitchell）想到，花粉落到雌蕊柱头上之后萌发出的花粉管生长非常迅速，于是决定从花粉入手，找到能让植物迅速生长的物质。功夫不负有心人，1941年，他发现玉米花粉的提取物能有效促进豌豆茎部细胞的伸长。从此，各国科学家纷纷踏上从花粉中提取促生长物质的漫漫长路。

直到20世纪70年代，米切尔将油菜花粉经过一系列的分离纯化之后，得到了一种可以强烈促进豆苗生长的物质。米切尔非常兴奋，将这种物质命名为"油菜素"。他认为这是一种新的植物激素，极小的用量便可很大程度促进植物生长。但是这个想法一经发表，便招致众多科学家的反对。大家认为米切尔并不知道提取出来的物质的具体化学成分，也并不清楚它在植物体内的作用机理，所以不能将油菜素贸然归为植物激素。米切尔自己却没有放弃这种物质。他进一步研究发现，油菜素不仅可以促进茎秆的伸长，而且还能增加种子的产量。这一研究很快引起了美国农业部的注意。美国农业部认为油菜素具有非常广阔的应用前景，于是便启动了一项长达十年的计划，希望分离和纯化油菜素中的活性物质，并希望通过对它的研究来促进农业生产。1970—1980年，美国农业部的科学家们尝试了各种方法，最终从227千克的油菜花粉中提取出了10毫克活性物质。经鉴定，这种活性物质是一种甾醇类小分子物质。科学家将其命名为油菜素内酯（brassinolide，BR）。这就是油菜花粉提取物促进植物快速生长的秘密所在。

虽然油菜素内酯是由植物体产生并且能促进植株生长，但是它在植物体内的具体作用机制尚不明确。直到20世纪90年代拟南芥遗传学手段兴起，科学家们才证实了油菜素内酯在植物体内的生理功能。油菜素内酯也于1998年被正式列为植物激素。而提到对于油菜素内酯在植物体内功能的研究，就不得不提我们中国科学家做出的卓越贡献了。

油菜素内酯仿佛一把钥匙，打开了细胞生长与伸长的大门。科学家们想知道植物是如何感受油菜素内酯的。油菜素内酯作为钥匙又是怎样打开细胞这扇锁住的门的呢？

20世纪90年代，美国加州大学圣迭戈分校（UCSD）的史蒂芬·克劳斯（Steven D. Clouse）教授从拟南芥入手，寻找细胞上油菜素内酯的受体（即所谓的"锁"）。在当时，擅长分子克隆的实验室并不多。克劳斯教授几经波折，也未能将该受体成功克隆下来。而当时在加州大学圣迭戈分校旁边的索尔克生物研究所（Salk Institute for Biological Studies）的乔安妮·裘利（Joanne Chory）教授很擅长这一方面。戏剧的是，克劳斯

拟南芥（*Arabidopsis thaliana*）

费尽千辛万苦克隆出来的片段并不是油菜素内酯的受体，而裘利教授却误打误撞，从上万个基因中成功找到并定位了这把"锁"。找到细胞上油菜素内酯的受体之后，接下来的工作便是搞清"锁"的结构，了解油菜素内酯作为"钥匙"究竟是如何与细胞上的受体"锁"进行作用的。参与这项工作的中国科学家有三位，均是当时裘利教授实验室的博士后。

形象一点来说，受体这把锁分为两个部分，一是插钥匙的地方，二是锁上门的地方。钥匙插进去之后转动锁眼，锁上门的部分结构发生变化，门才能够打开。三位中国科研工作者分别从不同的角度去剖析这把锁的结构与功能。将他们的研究成果组合在一起，便可以清楚地知道植物是如何感受油菜素内酯的。

最先开始研究的是李建明，他发现受体是一种跨过细胞膜的蛋白质。这种蛋白质在细胞膜外侧和内侧有着不同的功能：在细胞膜外侧（胞外区），负责与油菜素内酯结合，也就是"插钥匙"的部位；在细胞膜内侧（胞内区），负责将油菜素内酯的信号传递给细胞，也就是"锁住门"。除此之外，还有一个连接这两大部分的跨膜区。李建明摸清了受体各部分的主要功能，大概画出了这把"锁"真实的样子。

紧接着，王志勇也针对受体进行了一系列的研究。他证明了油菜素内酯是直接并且特异性地与受体胞外区结合的。动物体内与油菜素内酯结构类似的甾醇类小分子激素，一般都是直接穿过细胞膜进入细胞内部。而王志勇通过研究发现，植物体内的甾醇类小分子激素油菜素内酯并不进入细胞，它是依靠细胞膜表面的受体传递信号的。

最后进入实验室的王学路从胞内区入手，研究受体这把锁是怎样打开并引发下游反应的。他发现，当细胞周围没有油菜素内酯的时候受体会处于失活状态，胞内区同源二聚化。而当油菜素内酯有了之后二聚化会解开，受体转变成激活状态。而受体在激活之后需要一个蛋白共作用因子的帮助才能够向下传递信号。这个共作用因子的发现不是裘利实验室的功劳，但荣誉仍然属于中国人——黎家。

由此可见，中国的科学家在研究油菜素内酯受体方面做出了巨大的贡献。而这几位科学家也由此得到了充分的锻炼与培养，现在都已成为中国乃至世界植物激素领域举足轻重的人物。在他们的带领下，中国植物科学研究在近十几年飞速发展，现在已处于国际领先地位。毫不夸张地讲，正是这朵小小的油菜花，推动了整个中国植物领域研究的大大进步。

水杨酸（SA）

面膜宠儿

许多爱美的人都有敷面膜的习惯。现在市面上的面膜可谓五花八门，其中备受大家青睐的往往是一些宣传含有"纯天然植物护肤成分"的品种。"纯天然""植物"，这些词听上去就令人放心。不过植物体内真的存在对人有效的护肤成分吗？还真有，它就是面膜的新宠儿：水杨酸（salicylic acid，SA）。

水杨酸在化妆护肤领域也被称为BHA、B-柔肤果酸等，其化学本质为邻羟基苯甲酸。水杨酸的护肤功效究竟有多强大呢？水杨酸是一种脂溶性物质，能渗透到富含脂质的毛孔内，因此可以用来对抗油脂分泌过多形成的粉刺。它还可以去除皮肤多余的角质，使皮肤光滑度得到临时性改善。更神奇的是，水杨酸在去角质的同时还能使黑色素脱落，达到"淡斑美白"的效果。有报道称水杨酸也能起到一定的"抗衰老"作用。对皮肤施以适当浓度的水杨酸并配合使用其他护肤成分，可以有效去除皮肤皱纹，帮助人们"重返青春"。现在市场上的护肤品或多或少都会添加一些水杨酸。然而水杨酸也不是万能的。正所谓物极必反，当水杨酸的用量超过限制（通常为2%）或者接触眼睛、皮肤伤口等人体十分脆弱的部位时，还会对人体产生不良刺激。

即使你不常用面膜，你也一定听说过水杨酸"改头换面"后的另一个身份：阿司匹林。阿司匹林的研发过程是一段漫长而有趣的历史。早在公元前4世纪，古希腊"医药之父"希波克拉底就发现产妇咀嚼柳树皮可以有效减轻分娩时的疼痛。我国东汉时期也有柳树皮煎汤用来退烧止痛的记载。15世纪的北美土著印第安人也常用捣碎的柳树皮敷在受伤的皮肤表面缓解疼痛。可以说在现代制药技术未普及之时，柳树皮几乎是各个地区唯一的止痛药和退烧药。随着现代科学的发展，科学家们开始尝试分离柳树皮中的有效成分。1828年，德国科学家约翰·布洛赫（Johann Buchne）成功从柳树皮提取液中分离出少量具有活性的镇痛成分。1838年，拉法利·皮拉亚（Raffaele Piria）将这种成分氧化后鉴定出其化学本质是水杨酸（salicylic acid），并用柳树的拉丁名*Salix*命名。水杨酸虽然具有很好的

垂柳（*Salix babylonica*）

解热镇痛效果，但直接服用水杨酸对胃的刺激很大。人们就希望通过对水杨酸分子进行化学修饰，以减小其副作用，提高镇痛效果。1898年，德国的拜耳（Bayer）公司开发出以水杨酸为原型的解热镇痛药阿司匹林（Aspirin），其主要有效成分为乙酰水杨酸。第一次世界大战德国战败，失去了专利保护权，从此阿司匹林在世界范围内普及，至今仍是应用最为广泛的解热镇痛药。

　　植物产生水杨酸并不是为了方便人类。水杨酸在植物体内也承担了非常重要的功能。水杨酸就像是植物的"警卫员"，肩负着为植物"报告敌情"的使命。当植物的某个部位受到病虫侵害时，水杨酸就会迅速出动，将警戒信息传到植物身体的各个部位，全方位调动起植物自身的免疫系统，准备迎接战斗。与此同时，还有一批"飞行员"也出动了，它们是可挥发形式的水杨酸——水杨酸甲酯（methyl salicylate）。"飞行员"们火速飞遍"街坊四邻"，告诉周围的伙伴们："我遭遇了袭击，你们也要当心啦！"这样，周围未被病虫侵害的植物也可以提前做好战斗准备，最大程度减少损失。

　　植物的免疫系统是什么样子的呢？当植物的某几片叶子遭到病虫侵害时，被侵害部位的细胞会"自我牺牲"，希望通过与敌人"同归于尽"防止病菌的大范围扩散，这个过程称为过敏性反应（hypersensitive response，HR）。随后，战斗打响的消息会被传到植物体内的各个地方，植物全身的力量被调动起来，开始了与敌人的持久"对峙"。植物的防御方式包括分泌抗菌物质、改变自身营养成分、吸引昆虫的天敌等。这种反应称为系统获得抗性（systemic acquired resistance，SAR）。而水杨酸正是让植物启动防御的"通信员"。1992年，植物学家丹尼尔·克莱斯格（Daniel F. Klessig）用烟草证明水杨酸可以同时让植物做出这两种免疫反应，增强对病菌的抵抗力。

水杨酸的这一性质也可以应用在园艺上。水杨酸增强了植物抵抗细菌感染的能力，从而一定程度上延长花卉、果蔬的保鲜期。早在1975年，科学家金姆（Kim）和帕克（Park）就发现，用水杨酸浸泡马铃薯的块茎会抑制其腐烂和发芽，使得马铃薯的保鲜期延长到8个月之久。同样，用水杨酸处理苹果、桃子、香蕉、梨等水果也可以提高其抗氧化能力，不同程度地延长保鲜期。将阿司匹林加在鲜花培养液里，阿司匹林在鲜花体内转化形成的水杨酸既可以抑制鲜花的呼吸作用，又可以抑制鲜花切口处的细菌繁殖，使花儿能灿烂地开上更长时间。

　　水杨酸分子虽小，作用却大。它负担着植物抵御外界侵害的重任，可以说是植物体内的"超级英雄"。对于人类来说，不论是贮存花卉果蔬、解热镇痛还是美容护肤，水杨酸都发挥着神奇的功效。真可谓难得一见的"宝藏神药"！

茉莉酸（JA）

烽烟四起

　　烽火，是古代边防军事的重要通信手段。一旦发现外敌入侵边境，守营将士便迅速点燃烽火，通过燃烧时产生的浓烟传递敌情。在自然界中，当敌情出现时，传递信息也是最重要的工作之一。在我们的印象里，动物们天生聪慧敏捷，可以通过吼叫、奔跑等行为来传递信息。而一提到植物，我们脑海中浮现出的都是亭亭玉立、温婉如玉的美人风姿。看似丝毫不具有攻击力的植物，在面对虫子咬食等敌情时，难道只能逆来顺受吗？当然不是！在地球上已经生存了亿万年的植物，已具有自己独特的防御机制和通信网络来抵御外界的侵扰。有时我们还会因为植物之间的防御通信，得到一些意料之外的收获。

　　故事要从茶开始说起。中国是茶的故乡，人们不仅仅把茶作为一种饮品，更把它作为一种艺术，于细啜慢饮中参禅悟

茶（*Camellia sinensis*）

道。乌龙茶中的东方美人茶更是茶中的顶级精品。东方美人茶
又称椪风茶，主要产于我国台湾地区。关于椪风茶的来历有这
样一个传说。有一天，一位茶农发现本应嫩绿舒展的茶树芽上
出现了很多褐色的斑点，有些还卷了起来。显然，这是茶树遭
了虫害。而种植茶树有着严格的规范，决不能在采摘茶芽之前
打农药。面对虫害束手无策但又不甘心因此没有收成的茶农动
了歪心思：他将这些被虫咬过的"劣质"鲜叶一起采摘下来，
按照正常的加工程序制成了乌龙茶并拿到茶行售卖。茶行的买
办试喝之后发现，这种"劣质茶"相较于其他乌龙茶更加甘醇甜
美，还有着特殊的蜜香和果香味儿。茶行的老板非常高兴，付高
价收购了全部的茶叶。茶农大赚了一笔钱，高兴地回家炫耀，但
周围的邻居都不相信，觉得他是在吹牛。客家话管吹牛叫"椪
风"，于是"椪风茶"的名声不胫而走，很快享誉四方。椪风茶
声名大振之后，英国的商人将这种茶献给了维多利亚女王。女王
看到冲泡在水晶杯里的茶叶上下翻飞，仿佛婀娜的美人在翩翩起
舞，于是给这种茶赐名"东方美人茶"。中国的茶文化也就此声
名远扬，在欧洲发扬光大。

　　从这个故事我们得知，东方美人茶之所以有着独特的清香
和醇厚甘甜的口感，与一种茶树上的小虫密不可分。这种小

虫名叫茶小绿叶蝉（*Jacobiasca formosana*）。它们专吃茶树的嫩芽，将锯齿状的触须扎进芽中吸食养分。"失血"的茶芽因此无法进行正常的光合作用，颜色逐渐变得褐黄。植物的"防火墙"见状迅速响应，调集全身的力量合成并释放出一系列物质，希望赶走"吸血"的昆虫，保卫自己的叶片。也正是这些物质和昆虫唾液阴差阳错的混合，才成就了醇香可口的东方美人茶。在植物分泌的这些抗虫物质中，就有植物防御部队的"首领"茉莉酸（jasmonic acid, JA）。

茉莉酸是一种主要和植物防御反应相关的植物激素。之所以称为茉莉酸，是因为它最早是从大花茉莉（*Jasminum grandiflorum*）的精油中提取出来的。1962年，科学家们发现在给健康的植物施加茉莉酸后，植物叶片会加快衰老以至脱落。所以在研究的早期阶段，茉莉酸被称为"衰老的荷尔蒙"。1990年，科学家法默（Farmer）通过对番茄的研究发现，茉莉酸对于虫害这类生物性刺激存在响应。1992年，科拉曼（Creelaman）在研究中发现，大豆在胚轴组织受损后体内会迅速积累茉莉酸及其类似物茉莉酸甲酯，同时启动三个与损伤反应有关的基因表达。这是茉莉酸第一次展露出它作为信号分子的功能。从此以后，茉莉酸开始被科学家视为植物应对不良环

大花茉莉（*Jasminum grandiflorum*）

境的"防御首领"。这个"首领"可不简单。研究发现，植物对于寒冷、干旱、盐胁迫以及病虫害等方方面面的抵御均在它的管辖范围之内。可以说，茉莉酸就是植物受到威胁时点起的"烽火"。当植物的生存受到环境胁迫时，茉莉酸会首先做出响应。植物的各种生理活动再根据茉莉酸的浓度变化进行调整，让植物能够更好地应对外界不良环境。

为了更好地了解茉莉酸，我们再来认识一种神奇的植物：南非茅膏菜（*Drosera capensis*）。茅膏菜虽为植物，但它可不是"吃素的"。它的叶子可以分泌出多糖黏液作为诱饵来吸引昆虫。一旦有小昆虫被香甜的黏液所吸引并爬上来与黏腺接触，整个叶片就会弯曲起来，几乎将昆虫完全包围。小虫子被牢牢地困在了茅膏菜的陷阱中，再无逃生之力。茅膏菜会分泌消化酶将昆虫分解，利用其中的营养物质供自己生存。

究竟是什么物质诱导了茅膏菜的这一行为呢？科学家们推断，和植物防御息息相关的茉莉酸很可能会参与到此过程中。科学家们做了以下实验：将果蝇作为猎物模拟茅膏菜捕食过程，观察茅膏菜叶片的弯曲角度和其中茉莉酸含量的关系。实验发现，在捕到猎物的3小时后，茅膏菜叶片中的茉莉酸含量大幅增加，而且这种茉莉酸剧烈增加的现象仅限于叶片卷曲的

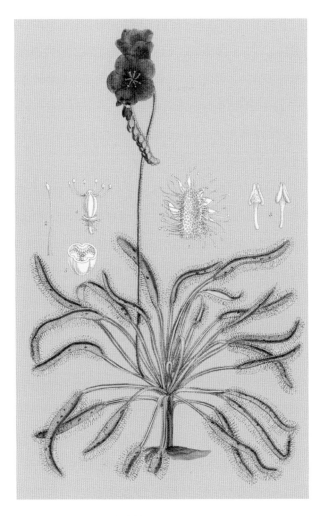

南非茅膏菜（*Drosera capensis*）

中段。进一步的实验显示，在没有猎物的情况下，仅外源施加茉莉酸同样会触发叶片的弯曲。这再次证明了茅膏菜捕猎时形成的"外部胃"源于内源茉莉酸积累触发的化学运动。

植物对昆虫有着怎样的防御反应呢？主要分为三大类：直接防御、间接防御、不防御。当虫害不太严重，植物认为自己的力量足以防御时，便会"以攻为守"，采取主动进攻的方式抗虫。植物可以制造烟碱等天然化学物质驱虫，也可以诱导自身产生多酚氧化酶，降低自身的营养价值，阻止昆虫取食。当虫害比较严重，植物感到自身难保时，便会发出"求救"信号，借助外界的力量。植物通过合成、释放挥发性的物质，吸引昆虫的天敌过来吃掉昆虫，间接达到保护自己的目的，所以称为间接防御。无论直接还是间接防御都会消耗大量能量，故当植物生长状态不好，甚至"奄奄一息"时，就只能选择回避，将所有能量用在维持自身生长上，是死是活听天由命。

茉莉酸虽为小小化合物，在植物王国里却有着呼风唤雨的大本领。在虫害来袭之时，它能够充当传递危险信号的"烽火"，让植物以静制动，以攻为守。这样令人惊叹的手段，也正是植物世界的神奇之处吧。

独脚金内酯（SL）

女巫出没

　　每到夏天，许多人都会因为天气炎热而吃不下饭。这种时候，注重养生的人常会往饭菜中添加一些消暑化食的药材，独脚金（*Striga asiatica*）便是其中一种。独脚金田鸡粥、独脚金鲫鱼粥等更是成为大家一致推崇的美食。要说起来，独脚金可是一种神奇的植物。它主要分布在我国南方地区，大概只有十几厘米高，但是全身都能入药，具有清热化食的功效，可以辅助治疗小儿食欲不振、消化不良等。但就是这样一株人畜无害、全身入药的宝贝植物，在世界上许多地方却被称为"女巫草""巫婆草"等。为什么要用"巫"这样邪恶的字眼称呼一株弱不禁风的小草呢？可千万别被它娇小可爱的外表欺骗了，在非洲肯尼亚西部地区，这小小的独脚金就是导致大片庄稼颗粒无收的"罪魁祸首"！

独脚金（*Campuleia coccinea*）

在农作物刚刚萌芽的时候，一切都很正常。嫩叶挂着露珠在清晨的阳光中慢慢舒展，看上去那么美好。可是，命运突然跟它们开了一个巨大的玩笑：本来欣欣向荣的农作物变得萎靡不振，任凭人们怎么抢救也无济于事。过不了多久，绿油油的庄稼苗就全部枯黄死去，留下一片密密麻麻的独脚金在枯苗旁骄傲地开着小花，像是在炫耀自己的战果。独脚金的爆发会导致庄稼减产70％以上，甚至颗粒无收。正因为独脚金神出鬼没、作恶多端，人们才形象地称它为"女巫草"。

独脚金是一种半寄生植物，主要分布在非洲和亚洲的热带地区。独脚金的种子在土里感应到寄主植物的存在后便会以极快的速度萌发。但它的萌发并不是传统意义上的生根发芽。独脚金没有真正的根，从种子中萌发出的是一种称为吸器的结构。吸器是一种变态的寄生根，可以穿透寄主植物根周围的防护组织，从寄主植物的根中吸取养分供自己生长。独脚金最喜欢的寄主就是禾本科植物，例如我们的主要粮食作物小麦、玉米、水稻、高粱等。独脚金的可怕之处在于：当我们看到它的苗钻出地面时，我们才知道它早已成功寄生，而这时一切的抢救措施都已为时晚矣。小小的独脚金抢走了庄稼的绝大部分能量，让庄稼再也没有能量开花结种子，自然也就没有收成了。

某独脚金属植物的吸器

右下棕黄色为寄主植物的根，黑色膨大部分为吸器，上部为数棵独脚金植物。

除此之外，独脚金的繁殖能力也相当强。一株成年的独脚金能产生近10万粒种子。它的种子非常小，直径只有0.3毫米，可以轻易地借助风、水流、动物等"旅行"到各地。独脚金的种子具有顽强的生命力，休眠了20年的种子仍然有50％的萌发率。可以说，一旦田地里爆发独脚金，这块地基本上就再也不能种庄稼了。正是这小小的"女巫草"，让无数非洲人民不得不放弃祖祖辈辈耕作的土地，背井离乡，过着食不果腹的悲惨生活。

独脚金这种"作恶多端"的植物也引起了科学家的兴趣。科学家想知道，这小小的种子究竟是如何在大片土地中找到可以寄生的庄稼的。经过多年的研究科学家找到了答案：竟然是通过一种寄主自身分泌的物质——独脚金内酯（strigolactones，SL）。这种物质最早从棉花根部提取液中分离出来，因为可以促进独脚金种子萌发而得名。独脚金内酯主要由类胡萝卜素代谢产生，从寄主植物根部向土壤中分泌。植物在根部分泌这种物质的本意是希望以它作为信号，找到与根共生的丛枝菌根真菌，促进菌丝分支。丛枝菌根真菌是一类生活在土壤中的真菌。它们与植物的根达成了非常默契的合作关系：植物供给真菌营养物质，而真菌则通过菌丝大大提高了植物吸收水分和无机盐的效率，两者互惠互利，密不可分。却不承想，这一完美的配合被寄生植物独脚金"将计就计"。植物寻找"小伙伴"的信号，竟成了独脚金种子寻找寄主的线索。独脚金的种子非常微小，储藏的能量也很少，萌发后如不能迅速找到寄主植物的根，就会因为缺乏营养而

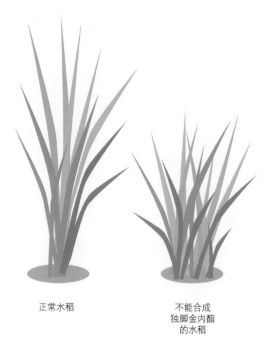

正常水稻　　　　　　不能合成
独脚金内酯
的水稻

独脚金内酯对水稻发育的影响

死掉。"聪明"的独脚金就学会了通过环境中独脚金内酯的浓度来判断自己与寄主植物根部的距离。只有环境中的独脚金内酯达到一定浓度时（这时，种子距离寄主根部一般在3毫米以内）种子才会萌发。而且独脚金种子萌发后径直朝向植物根部生长，这样才能在能量耗竭之前穿透寄主根部的保护，及时补充能量。

至此，我们已经揭开了"女巫草"的神秘面纱。唤醒"毁天灭地"女巫草的不是别人，正是深受其害的寄主植物自己。而独脚金内酯这样一个小分子，就是寄主给女巫草打开自家大门的钥匙。独脚金内酯的作用还不止于此。它除了帮助根部找到共生真菌和意外唤醒"女巫"之外，也对植物自身的生长发育起到了重要的调节作用，比如调控植物的分蘖（分枝）数量。实验显示，不能合成独脚金内酯的植物分蘖明显增多，植株矮小，通常长成"一蓬乱草"的样子。这在作物育种上有着很重要的意义。比如我们重要的粮食作物水稻，每棵最终能结出的稻穗数量很大程度上就取决于基部有效分蘖的数量。我们可以通过调整植物体内独脚金内酯的含量来控制植物的分蘖数量，从而研发出更加优质高产的作物品种。

　　独脚金内酯作为一种新型植物激素，近年来我们对它的研究才逐渐多了起来。以上或许只是独脚金内酯的冰山一角，还有更多的未知等待我们去探索。希望这些研究成果可以帮助我们更好地了解植物，进而推动农业生产。

第三章

逆境勇士

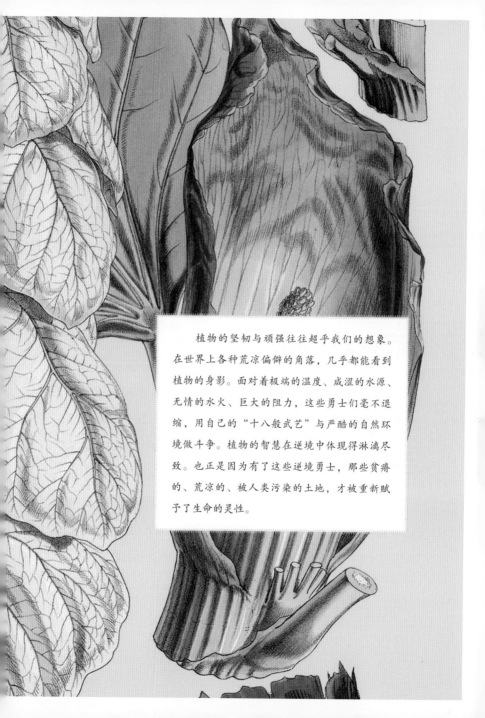

　　植物的坚韧与顽强往往超乎我们的想象。在世界上各种荒凉偏僻的角落，几乎都能看到植物的身影。面对着极端的温度、咸涩的水源、无情的水火、巨大的阻力，这些勇士们毫不退缩，用自己的"十八般武艺"与严酷的自然环境做斗争。植物的智慧在逆境中体现得淋漓尽致。也正是因为有了这些逆境勇士，那些贫瘠的、荒凉的、被人类污染的土地，才被重新赋予了生命的灵性。

热浪来袭

那些在水深火热之中挣扎求生的植物最是让人感叹生命的顽强。你知道植物能在多高的温度下生存吗?

坐落于美国怀俄明州西北角的黄石公园,是一座超级活跃火山的火山口。它可以说是大自然的鬼斧神工造就的一片仙境。间歇泉、蒸汽池、温泉等在园中星罗棋布,池水的温度普遍在45℃以上,最高的可达到90℃,近乎沸腾。这些让人类望而生畏的热泉,对另一些生物来说,却恰是烧好的洗澡水。

虽然这滚烫的热泉看上去毫无生机,但如果我们采集水样并在显微镜下观察,就可以看到许多微生物在其中肆意生长。其中有一类特殊的微生物,它们虽然属于细菌,却和植物一样可以进行光合作用,那就是蓝藻(cyanobacteria)。蓝藻是一种单细胞生物,虽然可以进行光合作用,但和植物细胞在结构上

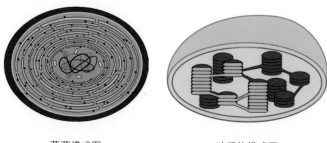

蓝藻模式图　　　　　　　　叶绿体模式图

有着很大的差别。植物的光合作用发生在细胞内的叶绿体中，而蓝藻没有叶绿体，它的光合作用是在一些称为光合片层的结构中进行的。光合片层就像太阳能电池板，相对于叶绿体来说，结构简单却高效耐用。叶绿体复杂的结构在50℃以上就会崩坏，无法正常工作，而蓝藻的光合片层可以承受最高73℃的高温。蓝藻独特的结构和对环境极强的适应性使它能够在滚烫的热泉中"安家落户"，自由生长。

　　不过蓝藻也不是与生俱来就有这样的"超能力"。蓝藻的祖先和其他生物一样，只能在正常水温下生存。现在生存在热泉中的蓝藻是经过了很长时间的演化才获得了耐高温的能力的。在演化的过程中，它们对高温的耐受能力越来越强，但与此同时也失去了在较低温度下生存的能力。在45℃环境下生存

的蓝藻，适于它们生存的温度变化范围为25 ℃；生存在57 ℃
环境下的蓝藻，最适温度的变化范围为21 ℃；而生存在65 ℃
环境下的蓝藻，最适温度的变化范围就只有15 ℃了。正所谓
有得必有失，热泉为蓝藻打开了一扇窗，却也对它关上了一
扇门。

　　自然界中的大多数藻类都生活在水中，但也有一些藻类放
弃了水中安逸的生活，选择与真菌"组团"征服陆上环境。真
菌在外层为藻类"盖房子"，保护藻类免受风吹雨打；而藻类
则为真菌"做饭"，通过光合作用制造能量养活自己和对方。
它们形成了一种有趣的生物组合：地衣（lichen）。地衣主要附
着在裸露的岩石表面，整体呈灰绿色或灰白色。地衣看上去其
貌不扬，却有着十分顽强的生命力。在寸草不生的极地，地衣
可以附着在冰冷的岩石上；在热浪滚滚的火山口，地衣可以忍
受来自地球深部的"炮烙"。有些地衣可以在45 ℃的环境中生
存，更可以在高达80 ℃的环境中脱水休眠，以克"时艰"。更
加可贵的是，地衣在生长过程中会向外分泌酸性物质，加速岩
石风化形成土壤，为其他植物生存创造必要的条件。因此，地
衣又被称为"开路先锋"。

　　在耐热方面，高等植物中鲜有可与蓝藻媲美者，但高等植

地衣（lichen）

物在温度升高到危及生命的程度时也会采取一些措施，以减小高温对自己的伤害。高温对植物的伤害主要体现在水分流失和物质变性两方面。温度升高时，植物会通过增加水分蒸发来散热。但水分流失过多会让植物"中暑"，进入脱水状态，时间一长便会因缺水而死亡。另外，细胞膜和蛋白质在温度过高时会"罢工"，改变结构进而丧失功能。但植物也有自己的解决办法。首先，在高温下植物细胞会大量产生热激蛋白。这种蛋白就像细胞中的"医生"，当其他的蛋白因为高温而"中暑"时，热激蛋白会救助它们，帮助它们恢复正常的结构与活性。如果是烈日暴晒导致的植物过热，植物会调整叶片的方向，通过转动叶片避免太阳直射来减少水分蒸发。若是高温持续的时间更久一些，植物还可以改变自己的生长方式。科学家们发现，实验室种植的拟南芥在高温环境下会长得又瘦又高，叶柄也偏向斜上方伸长。这样的形态更加有利于空气流通，从而帮助植物带走多余的热量。可不要小看了叶柄伸长这一点带来的效果。据测算，叶形调整后叶片周围的温度相比之前会下降 3—4 ℃。这样，植物即便身处高温环境中，叶片周围的温度也可以比较稳定地维持在最适于植物生长的范围内。

植物对环境强大的适应性不仅体现在它们可以在短时间内

20℃　　　　　　　　　　28℃

拟南芥高温下形态的变化（改编自Martijn van Zanten，2016）

对高温做出反应，更体现在它们可以长期跟踪环境变化并相应改变自身的生长发育。科学家发现，把植物放在不危及生命的高温下"锻炼"一段时间，再让它回到常温下"休息"一会儿，植物对高温的抵抗能力就会明显加强。御谷（*Pennisetum glaucum*）是非洲西北部和印度广泛种植的粮食作物。普通的御谷在47℃下几乎就无法生存了，但如果让御谷在43℃下先待上4个小时再放回正常温度下，那么当温度上升到52℃时，就会有一半的御谷可以"坚持下来"。这听上去有些难以理解，但如果我们结合现实生活就会豁然开朗。入夏以后温度飙升，且一天比一天热，搞得人们叫苦不迭："热死啦！"但时间一

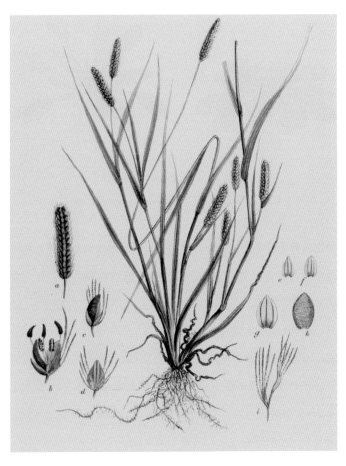

御谷（*Pennisetum glaucum*）

长也就习惯了。高温锻炼的持续时间是关键，时间过长或过短都会让御谷的抗热性能大打折扣。如果将向日葵的种植温度从35 ℃逐渐提升到45 ℃并持续一段时间，向日葵在54 ℃高温下仍然能生长得很好。但如果直接让向日葵在45 ℃下生长同样长的时间，向日葵则会在54 ℃时萎靡不振，长势不佳。高温锻炼后适当的休息也很重要。实验发现，把大豆的幼苗放在40 ℃条件下锻炼15分钟，然后直接放在45 ℃下维护2小时，只有17 %的幼苗可以存活。但若是在45 ℃高温处理之前先让它们在28 ℃下"休息"4个小时，幼苗的存活率就会增加3倍。短暂的高温锻炼让植物认识到了事态的严重性，于是在"休息"的时间里植物会调动一切力量合成热激蛋白。热激蛋白对植物细胞中其他蛋白质有很好的保护作用，从而让植物在接下来的"高温考验"中顺利过关。

植物看似简单，却有着让人意想不到的智慧。它们虽"画地为牢"，却能"想方设法"应对高温的威胁，在各种极端环境下争取自己的生存空间。植物生存的极限或许远远超出我们的想象。而植物们为了生存所做的种种努力，更是值得我们思考与学习。

冰山来客

去过青海、西藏的人应该知道,青藏高原上的主要粮食作物是青稞和土豆。因为这两种作物不怕寒冷,不惧高原反应,能够在气温较低的高海拔地区生长;世界最北部的植物园——阿尔卑斯植物园,虽然几乎没有参天大树,却也绿意盎然,繁花齐绽;北极圈虽然寒冷,苔藓地衣等也能茂盛地生长,覆盖了大部分的岩石和土地。这些植物就像"冰山上的来客",它们高度适应了极端的环境,在寒冷的气候下依然生机勃勃。

我们常用"霜打的茄子"来形容一个人无精打采的样子。这是有充分的生物学依据的:茄子的果实中水分含量相对较高,如不及时采摘,则很容易被冰霜冻坏,失去水分,看上去就不如之前饱满鲜活。过冷的环境确实会对植物的生长造成影响。从微观角度看,低温不仅会让植物内部的水分结冰,还会降低细胞膜的流动性及各种重要的酶的活性，造成植物代谢紊乱，严重的可能导致死亡。但是长期生活在高寒地区的植物们也演化出了很多独特的方式，可以最大程度上避免寒冷对自己造成伤害。下面就是一些有趣的例子：

特尼克半边莲（*Lobelia telekii*）是生长在非洲和南美洲的一种高山植物。它生长的地区昼夜温差极大，可以说是"早穿棉袄午披纱"。这种植物为了保护中间的嫩芽免于冻伤，在夜晚到来之际便会将自己的莲座叶向中间弯曲。层层叠叠的叶子卷成像卷心菜一般的模样，给嫩芽裹上"棉被"。更有甚者，生长于安第斯山脉的舒氏安第斯菊（*Espeletia schultzii*）还具有可以收缩的根。在夜晚温度降低的时候，它的根部会主动收缩，将茎和一部分叶拽入土壤中，最大可能保证地上部分免受冷空气袭击。

对于最重要的繁殖结构——花，植物也有很多应对寒冷的方式。

三四月份是江西婺源油菜花盛开的季节，而种植在青海湖的油菜却要等到七八月份才能够遍地开花。造成这种时间差异的重要因素之一就是温度。青海湖地区三四月份温度极低，如果植物在此时开花，不仅没有昆虫可以帮助花朵传粉，低温还会损伤娇嫩的花朵，使其不能正常结果。因此植物便通过推迟花期来规避低温对繁殖器官的伤害，确保自己能顺利繁殖后代。

塔黄（*Rheum nobile*）主要分布在青藏高原的喜马拉雅山脉和横断山脉。塔黄的花序被透明的苞片包裹，苞片对其内部的繁殖结构起到保温作用。雪兔子（*Saussurea gossypiphora*）也是这一地区的植物。除了用苞片保护花序这一"常规"操作之外，雪兔子还在苞片外侧长满了棉毛，就像给花序穿上了一层"棉衣"，帮助娇嫩的花朵更好地抵御寒冷。除此之外，花序外的苞片还为它们的传粉者提供了一个温暖的港湾。许多受不了寒冷天气的昆虫也纷纷躲进苞片中，在避寒的同时也帮助植物完成了传粉过程。

植物这种以自身的结构作为"衣服"给自己保暖的御寒方法令我们大开眼界，而聪明的植物应对寒冷的方法还不止于此。在气温逐渐降低时，植物不仅外在形态发生了变化，细胞内部也在悄然发生着变化。比如我们之前提过的冬小麦。科学家发现，它在进行春化作用的时候叶鞘细胞内可溶性糖的含量会有所增加。葡萄树在经历寒冬时，细胞中游离的脯氨酸含量会大幅升高。可溶性糖和游离脯氨酸这类小分子可以调节细胞的渗透压，从而降低液体的结冰温度。在冬天生长的小植物，

塔黄（*Rheum nobile*）

雪兔子（*Saussurea gossypiphora*）

绝对不会出现春天那种"嫩得能掐出水来"的情况。这是因为植物在寒冷条件下会降低体内自由水的含量，防止水在体内结冰撑破细胞引起损伤。除此之外，植物中的各种激素也参与到应对寒冷的过程中，例如脱落酸、乙烯、茉莉酸等。可以说植物为了在寒冷条件下生存，从内到外都做出了巨大的改变。

植物的抗寒性在应对自然灾害、植物南北引种等方面十分重要，所以人们很长时间以来在培育高抗寒能力的植物方面费尽心思。我国农业工作人员在实践中发现，植物的抗寒性是可以被驯化的。人为地将一株原本不太抗寒的植物放在温度略低于它的最适合生长温度的条件下培育，一段时间后，它的后代便可以在这个稍低于最适温度的条件下正常生长了。这时候再将其后代放在温度更低一些的条件下培养，这样一代代下来便可得到抗寒能力较高的植物。

除了驯化之外，还有一些提高植物抗寒性的办法，例如嫁接。嫁接技术只限于亲缘关系比较近的植物之间，通俗说就是将一种植物的枝条接在另一种植物的根上。嫁接后的植物可以结合两者的优势。将不耐寒植物的枝条嫁接在耐寒能力强的植物的根上，可以显著提高不耐寒植物枝条的抗寒能力。利用这种方法可以扩大一些热带果树的栽种范围，从而获得更大的收益。

　　植物虽然不能移动，但是在面对寒冷等恶劣环境时却并不"听天由命"。植物在面对逆境的时候会在各个层面上采取各种措施来保护自己，甚至比动物还更胜一筹。而通过研究这些"冰山来客"，我们也可以更加深入地了解植物抗寒的各种机制，为我们培育抗寒作物、改良品种等提供有力的支持。

盐碱绿荫

　　覆盖着白茫茫盐渍的土地上，干枯的草木七倒八歪，仿佛在控诉着盐碱地的残酷无情。我国的盐碱地面积超过30万平方千米，集中分布在新疆、内蒙古、宁夏、甘肃等地。这些盐碱地大多极度干旱，强烈的蒸腾作用使地下深处的盐分随水分移动到土壤上部。在一些低洼地带，河流的冲积作用也会使盐分在土壤表面沉积。在我国东部3000千米长的海岸线上，还分布着10万平方千米的滨海盐土和滩涂。海水渗入带来了盐分，河流入海时沉积的泥沙也会让滩涂的表层环境不断变化。可溶性盐分在土壤表层积累，使肥沃的土壤逐渐变成盐碱土。盐碱土极不适合植物生长。其偏碱性的环境（pH 7.1—9.5）不利于植物吸收铁、铜、锌、锰等必需微量元素，而土壤中的高浓度可溶性盐分（碳酸钠、氯化钠、硫酸钠等）会让植物"口渴难耐"，植物吸收过多的盐分之后会因代谢紊乱而死亡。另外，盐碱土易板结，不透水不透气。土壤中生活的细菌又会把仅有的一点点氮肥转变成对植物无用的氮气，使盐碱土缺乏营养，十分贫瘠。不过，植物中依然有一些顽强的斗士，凭借自己的智慧征服了这片生命的禁区。

能够在盐碱地顽强求生的植物，必然有异乎寻常的能力。根据它们应对高盐环境的策略，德国生态学家福莱哥勒（Breckle）将盐生植物分为泌盐植物、真盐生植物、假盐生植物三类。泌盐植物（secretohalophyte）的叶片上有特殊的腺体，可以把盐分排到植物体外。我们在田间地头经常见到的"杂草"——藜（*Chenopodium album*）就是一种典型的泌盐植物。藜的叶片背面有许多泡状腺体，称为盐腺。当土壤中盐分含量过高时，这些盐腺会将根部吸收的多余盐分排到叶子背面，使其不影响植物的正常生长。如果你将藜的叶片翻过来，就会看到叶子背面的颜色不似正面一样翠绿，有些泛灰白。这就是盐腺向外排出的盐分累积的结果。正因为如此，藜有了一个更为大众所熟悉的名字：灰灰菜。真盐生植物（euhalophyte）在自己体内储存了大量水分，将多余的盐分稀释到对自己无害的浓度。在我国新疆罗布泊地区分布的盐

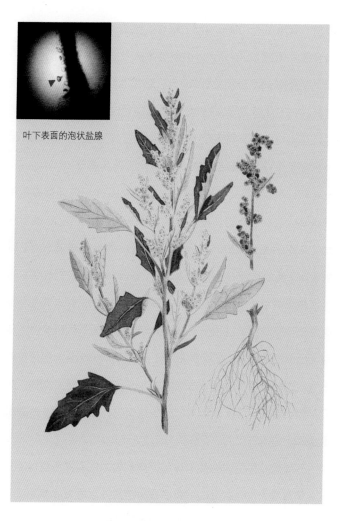

叶下表面的泡状盐腺

藜（*Chenopodium album*）

角草（*Salicornia europaea*）就属于此类。它的高度只有20—30厘米，几乎没有叶子，小枝看上去"肉肉的"。它身体中92%都是水分，盐分大概占4%，但若将其晒干后再测量，盐分可以占到其干重的45%左右。正是体内储存的大量水分稀释了体内的盐分，才使得它可以生存在内陆盐湖周围。而另一种分布于甘肃盐碱荒漠地区的植物——蓬蓬草（*Halogeton arachnoideus*）则与一道美食有着密切的关系。蓬蓬草的茎和叶都富含水分，在西北地区，人们称它为"水蓬"。这些水分保证它不会被土壤中的盐分"齁死"。而如果将其采下晒干后烧成灰，植物中储存的大量盐分便会被释放出来，将这些灰溶在水中会得到十分咸涩的"碱水"。而这种"碱水"正可供制作兰州拉面时和面之用——强碱会使面粉中的蛋白质变性，从而降低面团的张力。假盐生植物（pseudohalophyte）则是在根茎之间筑起一道屏障，让土壤中的盐分只能进入植物的地下部分，地上部分不会受到影响。这些盐生植物各凭神通，为盐碱地平添一抹绿色。

　　海滩是一种特殊的盐土环境。潮水周期性的涨落使得那里的土壤湿度大且含盐量高。生活在海边沙滩上的植物为了适应高盐环境，也进化出了许多和盐碱戈壁植物相似的特征。肾叶

盐角草（*Salicornia europaea*）

打碗花（*Calystegia soldanella*）很像喇叭花，不过它的叶子很厚，每一个叶肉细胞里都储存了大量的水分，用来降低盐离子的浓度。类似的还有猪毛菜（*Salsola collina*），它圆柱形肉质化的叶子同样起到储水稀释盐分的作用。最让人惊讶的当数狗牙根（*Cynodon dactylon*），它们发达的根系在沙滩下形成复杂的地下迷宫，甚至整片沙滩上所有狗牙根的根系都交织在一张大网里。根中的一些细胞会主动"牺牲"自己，让盐分在自己体内结晶，从而使其他部分的盐浓度保持正常水平。这样的"铁锁连舟"在海边沙滩环境中有着独特的作用：不仅可以扩大根系的分布区域，增强吸收水分的能力，而且大量的植物根系交织成网会使储盐"仓库"分布更加均匀，避免局部盐浓度过高导致植株死亡的情况。即使狗牙根的地上的一部分死亡，其根系还可以从其他地方吸收营养，再次萌芽生长，延续生命。

在正常土壤中生长的植物突然感知到环境中盐分含量增加时，也会采取应急措施，利用一些物质来减少损伤。这些有急救效果的物质包括脯氨酸、甜菜碱、甘露醇和糖类等，它们可以通过吸附水分子避免蛋白质失活。体内的蛋白质必须在水环境中才能正常工作，而当环境中盐浓度过高时，蛋白质表面吸

地下茎中的盐晶体

狗牙根（*Cynodon dactylon*）

附的水分子会被盐离子夺走，蛋白质失去这层"水外衣"后很快便会失去活性，进而"罢工"。这时就需要脯氨酸小分子之类的"急救兵"出场了。这些物质可以从周围吸附水分子并使之围绕在蛋白质周围，给蛋白质营造一个富含水分的小环境。蛋白质穿上"水外衣"后自会努力工作，植物也就能在高盐的环境中存活下来了。

近年来，科学家们开始从更微观的层面研究植物抗盐的机理，并发现了一系列与抗盐有关的基因。抗盐基因的发现为盐碱地作物的培育带来启示。利用各种现代育种手段，科学家们已经培育出了许多经济作物的抗盐品种。相信在生物技术的发展和育种专家的努力下，不久后那些荒芜的盐碱地就会变为良田，在改善环境的同时也在一定程度上解决粮食问题，让科技真正造福于民。

强力吸金器

　　如果你生长在中国南方，你可能对这样一种植物不会陌生：它有着长圆形的叶子，朴素的小白花，五个花药紧密地聚在一起形成黄色的"花心"，还有可爱的球形小果子。它的果实在青涩的时候闻起来有一股略带刺激性的气味，成熟后会变成紫黑色的小球，看上去就像超级袖珍的圆茄子。熟透了的果实不仅可以吃，捏碎之后还能流出汁液，十分有趣。

　　这种常见的野生植物叫作少花龙葵（*Solanum photeinocarpum*），主要生长在我国江西、湖南、广东、广西、台湾等地。少花龙葵在中国北方还有个"近亲"——龙葵（*Solanum nigrum*），主要分布于东北、华北和西北地区。二者在外观上非常相似，须要仔细观察它们的果子的排列方式才能区分出来：龙葵的花（果）梗发生在不同的位置，而少花龙葵的花（果）则发生

龙葵（*Solanum nigrum*）

于一点。少花龙葵的浆果成熟后可以直接食用，而龙葵的果实则有微毒，不建议食用。但是二者的果实在未成熟的时候都含有多种剧毒的生物碱，误食会导致心血管和神经系统中毒，甚至可以导致死亡。如果你总是分不清这两种植物的话，安全起见，还是不要乱吃路边的野果子为好。

这两种看上去非常普通的路边野草却有着别样的"超能力"。它们可以将土壤中有毒的重金属离子主动吸收到自己体内，且在一定的浓度范围内不影响自身生长。它们就像是土壤净化器，在生长的同时吸收土壤中的污染物重金属，留给其他植物一片干净的土地。

我们先来了解一下听起来有些可怕的重金属。重金属是指密度超过5.0克每立方厘米、相对原子质量大于40的金属和类金属元素，主要是铅（Pb）、镉（Cd）、铜（Cu）、锌（Zn）、砷（As）、汞（Hg）、铬（Cr）这七种。重金属对生物有很大的毒害。人摄入过量的重金属，会造成多种器官急性损伤，引起头晕、呕吐等一系列不良反应，严重的会导致四肢麻痹、心力衰竭。而植物生长在重金属浓度过高的土壤里也会出现相应的中毒症状，包括生长缓慢、植株弱小、叶片缺绿、生物量降低等。更加可怕的是，重金属污染具有不可逆转性，土地一旦被重金属污染，几十年内几乎无法使用。在工业迅速发展导致环境污染日渐严重的今天，土壤重金属污染的修复已成为环境科学的研究热点和前沿。目前修复重金属污染土地的最佳方法便是利用土地自身的"净化系统"——生长在土地上的植物，尤其是绿色廉价的超富集植物（hyper-accumulator）。

什么是超富集植物呢？1583年意大利植物学家切萨皮诺（Cesalpino）在托斯卡纳"黑色的岩石"上发现了一些"特殊的植物"。这据说是超富集植物研究的开始。1998年，麦格拉斯（McGrath）等人对超富集植物的定义做了新的修订，认为超富集植物应具备三个基本特征：地上部分重金属含量超过临界值（高到一定程度）；对重金属有很高的吸收和转运效率（地上部分重金属含量应高于根系与土壤重金属含量）；植物在此环境中没有表现出明显的毒害症状。目前全世界已发现400多种对不同重金属有超富集能力的植物，可以被富集最多的重金属是镍（Ni），最少的是镉（Cd）。

为什么超富集植物就不怕有毒的重金属呢？研究发现，重金属离子并不侵入超富集植物的细胞，只是在细胞壁周围堆积起来。等到细胞壁周围堆满重金属之后，植物便会开始处理这些"有毒的垃圾"：重金属离子或者被植物转运到大液泡里，进而被"钝化",失去攻击性;或者被植物体内的一些化合物"钳住",降低毒性;或者与一些酸性物质反应形成沉淀,减轻对植物的伤害。还有一些植物可以把这些重金属离子特定地转移到衰老的叶片等器官中,让它们随着叶片的脱落离开植物体,从而让自己在重金属污染的土地上健康生长。

超富集植物虽然"身怀绝技",可想从各种花花草草中找到它们却并不容易。早在2004年,中国沈阳应用生态研究所的研究人员便开始了搜寻工作。最终,龙葵由于在多种重金属元素(镉、铅、铜、锌)复合污染的环境中仍然能够正常生长,从众多杂草中脱颖而出。而对少花龙葵的这种"超能力"的发现,缘于2008年在中国广州华南植物园进行的一次土壤种子库实验。研究人员在一块长有许多野生植物的废弃土地上挖取了地表层大约20厘米厚的土壤,自然风干后加入不同的重金属盐溶液或纯净水,放在适宜的温室环境下观察种子的萌发及植物的生长情况。结果发现,少花龙葵在含有重金属镉的培养液中相较于其他植物有着明显的生长优势。经过测量,它茎、叶内的镉含量均远高于超富集临界含量标准,成为新筛选出的一种重金属镉"吸金器"。

目前,利用超富集植物修复重金属污染的土地的相关技术还处在研究阶段。这两种植物在环境治理及应用方面有着非常大的潜力：它们具有在中国北方和南方分布广泛、生长迅速、根系发达、富集重金属程度高、种子易于传播和继续繁殖等特征，具有很大的推广价值。不过，将龙葵及少花龙葵真正应用到对土壤的修复上仍面临许多问题。种植在被重金属污染的土地上的少花龙葵，因为富集了重金属而变成了危险的毒药，果实不能再食用了。这些用来富集重金属的植物也需要人工定期收割，以防止它们自然腐烂分解后重金属再回到土壤中。而收割下来的植物要如何处理才能够安全有效地回收它们体内的重金属成分，避免对环境的二次污染，也需要科学家们进一步研究。

洪涝逃生

　　"三过家门而不入"讲的是大禹治水的故事。相传在距今四千多年前，发生了一次非常严重的洪水灾害。洪水导致庄稼被淹，房屋被毁，百姓流离失所，哀鸿遍野。正是大禹凿山通河，以三过家门而不入的超强意志力治理好了洪水，让百姓从此过上了安居乐业的幸福生活，社会也更加繁荣稳定了。

　　中国是世界上洪涝灾害最为严重的国家之一。特殊的地理位置和气候条件让中国拥有了分明的四季，同时也使得洪涝灾害频率高、范围广。我国有记载的大水灾就有1000多次，黄河、长江更是有上百次的决口记录。洪涝灾害对于人们的生产生活有着多方面的影响。暴雨和洪水会使房屋倒塌、交通中断、设备故障，更会导致庄稼大幅减产甚至颗粒无收，严重威胁到国家的粮食安全和人民生活的基本保障。因此，洪涝灾害是我国须要重点防治的灾害之一。

我们常说水是生命之源。充足的水分是维持植物生长的基本条件，但是过多的水也会影响植物的正常生长，甚至导致植物死亡。淹水之后植物最先受到影响的是根部。长期浸水会使植物的根变短，侧根稀疏，进而由于缺氧导致根部腐烂，植物死亡。而叶片在长期浸水之后会变黄萎蔫、早衰脱落。这些外在的变化是由植物体内新陈代谢的改变导致的。同时过多的水分也会打破植物体内的渗透压平衡，使得植物体内的活性氧含量升高，对植物细胞的结构造成严重损伤。

然而，小小的植物即使面对如此严重的水灾也不会轻易妥协。许多植物都有办法减少淹水对自己的伤害，比如小麦（*Triticum aestivum*）。小麦是一种重要的粮食作物。我国长江中下游地区的小麦田时常遭遇洪涝灾害，但小麦自有一套应对淹水后缺氧的办法，那就是形成通气组织（aerenchyma）。通气组织是位于植物茎部及根部的中空管道结构，深入根茎的中空管道中充满空气，有利于植物进行气体交换。例如喜湿的水稻，本身就具有极其发达的通气组织。小麦是一种适应干旱环境的作物，它在因为淹水而缺氧时，根中的部分细胞会主动"牺牲自我"。细胞死亡后，它原本所在的位置便会形成一个空

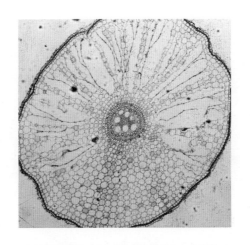

水稻根部横切（四周的空腔部分即通气组织）

腔。而如果从上到下的一连串细胞都死亡消失，它们所在的位置就连成了一条中空的管道，相当于临时的通气组织。通气组织能够使植物在淹水的环境下顺利地摄取氧气，并有效排出代谢产生的废气和对自身有害的物质，保证植物在缺氧条件下顺利生长。

铺地木蓝（*Indigofera spicata*）是一种景观植物，经常被栽种在河道两边。由于河道涨水等原因，铺地木蓝也常常面临被水淹的风险。为了应对淹水造成的缺氧等问题，铺地木蓝采取了另一种方法：生长不定根（adventive root）。与我们印象

铺地木兰（*Indigofera spicata*）

中根总是深扎在土里不同，不定根常常出现在距离水面不远处的茎上，相当于从茎部增生出的根状物。不定根暴露于水面之上，对于根系在缺氧环境下获取氧气极其重要。除此之外，不定根还可以吸收养分，缓解地下根系不能正常工作造成的植物养料缺乏。

相信大家都有这样的体验：跑完步后第二天大腿经常酸疼，而正常走路就不会出现这种情况。这是因为腿部肌肉细胞在跑步和走路时的代谢方式不同。跑步时细胞大量消耗能量，导致氧气供应不足，细胞从有氧呼吸转变为无氧呼吸。长时间无氧呼吸会积累让大腿酸痛的"罪魁祸首"——乳酸。其实不仅人类如此，植物也是。植物淹水缺氧之后，它的代谢方式也会发生变化，也会产生对自身有毒害的物质。可是植物又无法依靠自身摆脱淹水环境，要怎么办呢？

到了这个时候，植物可以通过调节自身的代谢来减少有害物质的积累。植物在感知到淹水环境后，可以改变体内相关代谢酶的含量从而调节自身的代谢过程，尽量避免有害物质在体内积累。提到有害物质，不得不说一说活性氧。活性氧是一类氧的单电子还原产物，是植物在代谢过程中不可避免会产生的一种有害物质。在正常条件下植物可以通过各种方式消除过多的活性氧，将体内的活性氧维持在一个较低的水平上。植物淹水之后平衡状态被打破，活性氧往往会过量积累，导致细胞内结构损伤。那如何才能减少活性氧对植物的伤害呢？对付它的法宝是抗氧化剂。植物在淹水时便会主动产生各种抗氧化剂来保护自己的细胞。据测量，有些植物淹水之后叶片内的抗氧化物质含量可以达到原来的3倍。一些植物还可以根据环境调节自身的生长状态。水稻虽说是一种喜湿耐涝的作物，却也不能长期淹水。水位升高时，水稻会加快生长，超过水位；水位再次升高时，它就再次加快生长。只要还有叶片露出水面它就能获取珍贵的氧气，为自己赢得一线生机。

　　植物虽然不能移动，但在面对淹水这样的不利环境时却依然自强不息，想尽一切办法维系生命。相信这满满的"正能量"定能感染你我：遇到困难不轻言放弃，迎难而上，终有拨云见日的一天。

凤凰涅槃

　　远古神话中的凤凰是一种神鸟，传说每过五百年，它便会在烈火中结束自己的生命，而它的后代则会在这烈火之中诞生。对于我们来说，火是生活中一个巨大的威胁，失控的火灾会造成严重的财产损失和人员伤亡。日常生活中的大部分火灾都是由人为因素引起的，而在自然界中，由闪电、雷击、自燃等非人为因素引起的火灾也是环境的一个重要组成部分。虽然火对于一般的植物来说意味着灭顶之灾。但对有些植物而言，熊熊烈火却代表着希望。就让我们追寻着滚滚浓烟，踏访每一寸被烈焰吞噬过的土地，去寻找那些浴火重生的植物勇士吧。

　　首先我们来到南非气候严酷的热带稀树草原（savannah）。这里年均降水量仅有10毫米，干燥炎热，树木稀少而分散，低矮的干草丛极易滋生草原大火。热带稀树草原上发生的火灾主要为地表火，火烧强度较低。火灾发生时地表温度一般在200—300℃，而仅仅在地下几厘米深的地方，温度却只有60℃。生长在此处的阿拉伯胶树（*Acacia senegal*）成熟的种子落到地上后很快会被风沙和残枝败叶掩埋在地表以下2—5厘米深处。这些种子在常温条件下一直沉睡着，反而在60℃这一植物种子普遍无法存活的温度下才开始悠悠转醒，从焦土之中突围而出，迅速占领火烧之后的空地。

在澳大利亚，我们又见到另一群在烈火中诞生的勇士。澳洲王桉（*Eucalyptus regnans*）是一种高大的乔木，高达60—70米，是世界上最高的硬木之一。它树冠上的壶形果实紧紧包裹着种子，成熟后也不会脱落或者开裂。只有在发生森林大火时果实被烤干迸裂，种子才能脱离母体，洒落到青烟缭绕的土地上，进而生根发芽。无独有偶，在北美洲，北美扭叶松（*Pinus contorta*）的部分球果在成熟后也不开裂，种子被保护在厚厚的"襁褓"（种皮和蜡质层）中，有的甚至要沉睡数十年之久。只有凶猛的大火才能破坏它的种皮并使蜡质挥发。种子在烈火的洗礼后脱离"襁褓"，努力长大成材。与此同时，它们的天敌——昆虫、病菌等都被烧死了，枯枝败叶的余烬又

阿拉伯胶树（*Acacia senegal*）

桉树的花及果实

为它们提供了养分，因此这些小树苗可以在火烧后的空地上苗壮成长。

　　大兴安岭的针叶林中，生活着一群不惧烈火焚身且勇于牺牲的"卫士"——兴安落叶松（*Larix gmelinii*）。兴安落叶松生长在较低海拔的山林中，木材纹理细密而结实，松脂含量低。一般的干草和枯木燃点只是150—200℃，而兴安落叶松的燃点却高达280℃，不易被一般的地表火引燃。山林里最可怕的莫过于林冠火。林冠火的温度高，火势凶猛，传播范围和破坏力都远超地表火。而兴安落叶松不易维持燃烧，可以一定程度上阻滞林冠火的蔓延。在林场中，兴安落叶松常组成防火林带，守护山林不被大火吞噬。从大兴安岭往南，针叶林逐渐被落叶阔叶林和常绿阔叶林替代。刺槐、核桃、木荷、栲树、楠木等耐火的阔叶树种也替代兴安落叶松，组成森林中的防火林带。这些山林守护者的勇气与牺牲精神着实让人敬佩。

　　植物界中强大的战士不仅勇猛过人，而且还能智胜对手。"定居"于美国东南部的长叶松（*Pinus palustris*）遇到了这样的麻烦：松林下的杂草和灌木总是和它们争抢土壤中的养分，甚至攀缘着它们的躯干生长，着实难缠。当长叶松想要扩张领地时，地面上厚厚堆积的松针和枯草使种子无法扎根到土壤中。底部生长的杂草和灌木还织成了层层罗网，使其幼苗难见天日。但长叶松自有办法对付它们。由于当地气候炎热，每隔15年左右，这里就会发生一次天然的地表火灾，这便是长叶松的复仇良机。那些杂草和灌木一触即着，在火舌的舔舐下纷纷化作灰烬，长叶松则岿然不动。林火熄灭之后，露出了光秃秃的地表，没有了竞争对手，长叶松的幼苗便可以在草木灰滋养的土地上尽情生长。长叶松借助大自然的力量扫清对手，这样的智慧着实令人折服。

美国加利福尼亚州的灌丛中，有一些植物战士平日里养尊处优，看上去十分孱弱，可一旦发生火灾就会迅速成长起来，变得孔武有力。让这些战士胸中燃起战意的正是烟雾中一种特别的气味。这种气味来自于一种十分常见的气体——二氧化氮（NO_2）。氮元素一般被固定储存在植物体内和土壤中，而森林大火则可以让原本固定的氮元素以二氧化氮的形式释放出来。潜伏在土壤中的荷包牡丹（*Dicentra chrysantha*）的种子对二氧化氮的味道情有独钟。它们在"嗅"到二氧化氮两三分钟后便会斗志昂扬，蓄势待发，准备挣脱种皮的束缚。二氧化氮溶于水形成弱酸，破坏种皮结构，也有利于种子的萌发和生长。

在不断寻找植物勇士的过程中，科学家十分好奇它们"向

长叶松（*Pinus palustris*）

火而生"的原因。有研究发现，这可能要归功于一类热激蛋
白。热激蛋白只在高温下产生，不仅保护年幼的战士不因高温
而休克，还对它们的成长有利。火焰的热度让战士们热血沸
腾，体内的过氧化物含量上升，而热激产生的过氧化物酶可以
控制过氧化物的含量，使其不至于危及植物的生命。

　　火，是很多植物的梦魇，却又是另一些植物的力量之源。
这些植物战士就像凤凰一样，在烈火中孕育新生。

夹缝生存

诗人、作家林希曾写道："就在那石岩的缝隙间，还生长着参天的松柏，雄伟苍劲，巍峨挺拔。""石缝间倔强的生命，常使我感动得潸然泪下。"

剧作家夏衍也曾感慨过种子的力量："人的头盖骨，结合得非常致密与坚固，生理学家和解剖学者用尽了一切的方法，要把它完整地分开来，都没有这种力气。后来忽然有人发明了一个方法，就是把一些植物的种子放在要剖析的头盖骨里，给它以温度与湿度，使它发芽。一发芽，这些种子便以可怕的力量，将一切机械力所不能分开的骨骼，完整地分开了。植物种子力量之大，如此如此。"

夏衍的文章意在赞扬不屈不挠的生命，但文章里有一个地方说得并不准确：机械力并非不能分开颅骨，之所以用种子分离，是因为种子能够持续而均匀地施加力量，从而将颅骨在各个方向上完整地分离，不至于使其因受力不均而破碎。此外，在实际应用中是不必等到种子发芽的，我们只须要堵住颅骨上所有的孔，用干黄豆塞满空腔并用绷带缠紧，然后将颅骨整个儿浸入水中，干黄豆吸水膨胀的力量就足以撑大颅骨骨缝，为进一步的分离创造便利。还有人曾将吸过水的扁豆种子装在一个紧锁的金属箱内，最终，发芽的扁豆不仅撑开了金属箱，更使它发生了严重的扭曲变形。这看上去小小的、不起眼的种子竟然有着如此巨大的力量，不禁让我们感叹生命的神奇！

不止种子，植物的神奇力量在很多地方都有所体现：铺了沥青的马路上可以钻出幼苗，一簇竹子可以撑开它们生长的混凝土管道，大树的根系可以劈裂花岗岩……这些倔强的生命常常令我们感动。看似渺小的植物竟然如此顽强，似乎没有什么机械力量能够阻碍它们的生长。而另一方面，被人工改造了外形的植物也越来越多地出现在我们的生活中，比如被小箱子套住而长成方形的西瓜，或是经过园艺造型而弯曲的树干。植物面对外界的机械压力时，是屈服还是抵抗？机械压力究竟会对植物的生长造成怎样的影响？要解决这些问题，我们首先要从植物如何感受机械压力说起。

石缝间的植物

相较于风吹雨打或动物的短暂触碰，这种由障碍物施加的机械压力在相当长的时间内是稳定存在的。和动物一样，植物也是靠细胞表面分布的"压力感受器"感受外部机械压力的。植物的压力感受器分为很多种，有些可以通过离子传递电信号，有些则利用小分子物质传递化学信号。这些感受器在感知到外界机械压力后，会让植物在生长发育方面进行一系列的调整。首先，植物会在受到机械压力的方向上减慢生长，同时在受力区域产生更多的木质素，通过细胞壁木质化来增加自身的机械强度。其次，植物的叶柄和茎干会变得更柔软易弯曲，降低在外界压力下发生断裂的风险。再次，在面对机械压力时植物还会在组织和细胞水平上做出相应的改变。哈蒙特（Hamant）等人在2008年发现，机械压力会改变植物细胞里微管的排列情况。微管是由蛋白质聚合形成的管状纤维，在细胞中起到类似骨架的支撑作用。同时它也是细胞里的"路"，为物质运输指明了方向和路径。当研究人员用两片树脂挤压植物茎端分生组织时，细胞内原本错综复杂的微管逐渐变得与树脂片平行，即微管延伸方向垂直于受力方向。有微管指明了压力的方向，细胞里的各种"应急物资"就赶快给受压方向的细胞壁加固。细胞壁加厚一方面可以抵抗压力对植物的破坏，另一方面也可以抑制细胞在这个方向上的生长。植物也可以通过主动改变自身生长状态来减小外界压力对自己的影响。实现这种"主动出击"需要植物中一种重要的激素——生长素的参与。植物细胞膜上排布着生长素"搬运工"PIN1蛋白，它们会主动向细胞附近生长素浓度高的位置聚集。哈蒙特等研究人员在2010年发现，当细胞受到机械压力时，原本追随生长素分布的PIN1蛋白会朝着压力的方向聚集。聚集起来的PIN1蛋白把更多的生长素运进细胞，促进植物在受压迫的位置上快速生长，以对抗环境中的机械压力。

还记得吸了水就力大无穷的种子吗？这种力量其实来自于

分子间的斥力。在种子吸水膨胀的过程中，种子中储存的淀粉和蛋白质分子之间的空隙被水分子迅速填充并发生水合作用。水合作用使种子中的淀粉和蛋白质分子里里外外都包了好几层水分子，微观上结构更为稳定，宏观上体积增大。这一过程中产生的分子间斥力就汇成了顶开颅骨那巨大无比的力量。植物在应对机械压力的过程中发生了太多复杂的变化。从最初的感知压力信号，传导信号，到引发细胞水平上的反应，整个过程需要大大小小许多种物质的参与。在植物应对机械压力方面目前也还有很多问题尚未得到很好的解决，等待着科学家们的进一步探索。

想象一下，在未来科技更加发达的时候，我们是否可以让植物长成我们想要的各种样子，比如鲜花形状的水果，或是房子一样的树？我们在享受这一切的同时，除了感谢科学家们的努力，是不是还应该感谢这些植物在重压之下的坚持呢？

最后，依然借用林希先生的话，作为结尾："石缝间顽强的生命，它是具有如此震慑人们心灵的情感力量，它使我们赖以生存的这个星球变得神奇辉煌。"

起死回生

在武侠小说中，"九死还魂草"这种植物可谓江湖上的传奇宝物。据说身受重伤奄奄一息的人在服用这种草药之后，过不久就会恢复元气起死回生。在植物界中，还真有一种有着独特本领的"九死还魂草"。它虽不能让人起死回生，却也"身怀绝技"，有着令人意想不到的神奇本领。

这种草的正式名称叫卷柏（*Selaginella tamariscina*）。虽名卷柏，但它和我们常见的柏树关系并不大，只是叶子形状有些类似而已。它是一种多年生的草本蕨类植物，高度只有5—18厘米，平时只能贴在地面上生长。卷柏之所以被人唤作"九死还魂草"或者"长生不死草"，并不是因为它能复活其他生物的生命，而是因为它自身有着"死"而复生的能力。大部分植物都喜欢生长在水分充足、土壤肥沃的环境中，而卷柏却偏

卷柏（*Selaginella japonica*）

偏喜欢安身在人迹罕至的荒山野岭，悬崖边、峭壁上甚至荒漠中都可以见到它的身影。这些地方的土壤非常贫瘠，几乎存不住一丝水分。当天气干旱、烈日暴晒的时候，卷柏便会大变身：它的小枝会卷起来并缩成一团，看上去就是一团褐黄色的干草。卷缩后的卷柏最大程度减少自己的生命活动，保持休眠，减少缺水对自己的伤害。科学研究显示，即便是生活在沙漠地区的植物，其体内含水量也不会低于16%，否则就会死亡。可是卷柏在极度干旱的情况下体内水分含量甚至可以降至5%以下，用打火机就可以点燃。但是一旦得到雨水滋润，这团"干草"便会幽幽转醒，努力吸收水分，开始"还魂"。无论它卷缩成了多么惨不忍睹的模样，只要遇到水，这丛"枯草"就能在几个小时内舒展枝叶并换上一身绿装，重新焕发出盎然的生机。据记载，被制成植物标本的卷柏在11年之后遇到水依然可以复活！卷柏这种强大的适应性使它能够在极度缺水、温差很大的岩壁上、崖缝中生存，真可谓是"逆境中的勇士"。

除了"起死回生"这一本领之外，有些种类的卷柏还有更加令人称奇的"超能力"：搬家。在人们的印象中，植物从扎根的那一刻起就锁定了一生的位置。但是在南美洲，有一种

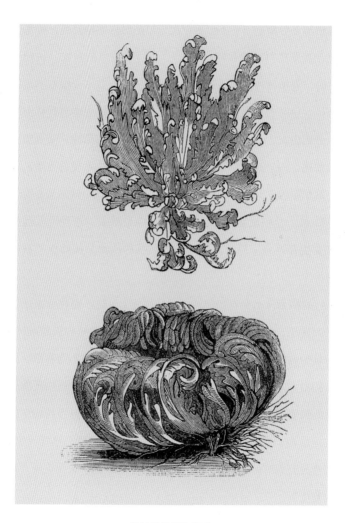

卷柏的休眠与复苏

卷柏却十分潇洒。它不但可以在干旱的时候原地假死，待水还魂，甚至还可以"卷铺盖走人"，去寻找有水的新家。长期干旱时，卷柏浅浅的根系从土壤里吸收的那点儿水分根本不足以维生。这时卷柏就要着手"搬家"了：卷柏的根能自行从土壤中分离出来，和早已枯黄卷缩的枝叶一起卷成圆球，随风翻滚着前进。一旦滚到水分充足的地方，卷柏的根系便会重新钻到土壤里吸收水分，枝叶旋即舒展变绿。如果这一新家又变得干旱缺水，卷柏便会再次收拾行囊，再觅新家。这种可以通过改变生存地点来寻找适宜的生存环境的植物又被称作"旅行植物"。

卷柏为什么会有如此神奇的"超能力"呢？植物学家通过研究发现，植物脱水死亡的主要原因是细胞的结构遭到破坏。一旦细胞的结构被破坏，补充再多的水分细胞也不能利用。而卷柏则不同，它们的细胞里天然含有一种可以帮助植物抵御干旱的物质——海藻糖。海藻糖可以让细胞在脱水时维持稳定的生理结构，使之在极度缺水时依然保持结构完整。这样一来，当水分充足时，细胞还可以吸水恢复生理活性，从而实现"死而复生"。

"九死还魂草"卷柏虽然是以强大的自我保护能力得名，

但却不是个只顾自己的"自私鬼"。它在我们的生活中也有很重要的用途。因为植株矮小且姿态奇异，卷柏经常被用于点缀盆栽底部。由于生命力十分顽强，在园林中它还被用作假山或墙壁的造景。卷柏的作用不局限于观赏，它还是一种重要的药用植物，有显著的抗真菌作用。尤其难能可贵的是，它在抑制真菌的同时对人几乎不产生溶血副作用，所以经常被用作抗真菌先导药物，用来辅助治疗真菌引发的胃病等。除此之外，它还是一味消炎止血药，在中医实践中常用来辅助治疗咯血、吐血、便血等。

九死还魂草"生"时枝叶伸展，翠绿雅致；"死"时宛如枯草，抱团卷曲。在不断的"生""死"转换中，卷柏展现了它顽强的生命力。这种小小的植物在面临山穷水尽的恶劣环境时默默积蓄着力量，一旦情况转好便立刻抓住机遇，吸水重生。人生之路也是如此，交替着顺境与逆境，许多人所缺乏的，正是遇到困难时坚持不放弃的坚忍，以及在遇到机会时果敢行动的果决。如此看来，这小小的卷柏真是我们学习的榜样呢。

第四章

战争与和平

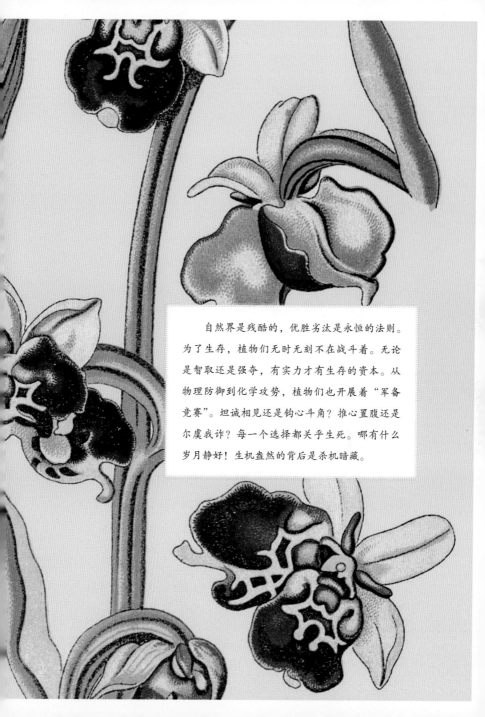

　　自然界是残酷的，优胜劣汰是永恒的法则。为了生存，植物们无时无刻不在战斗着。无论是智取还是强夺，有实力才有生存的资本。从物理防御到化学攻势，植物们也开展着"军备竞赛"。坦诚相见还是钩心斗角？推心置腹还是尔虞我诈？每一个选择都关乎生死。哪有什么岁月静好！生机盎然的背后是杀机暗藏。

锋芒毕露

民间流传着"鲁班造锯"的故事。相传鲁班是春秋战国时期的一位木匠。有一次，他在进山砍树时脚下一滑，慌乱中一把抓住路边的小草，不想手被划破，渗出血来。鲁班很诧异：柔软的小草竟能将皮肤划破！他经过仔细观察，发现叶子边缘长满了细小而锋利的密齿。这给了鲁班很大的启发。于是他仿造这种小草的样子，在铁条的边缘打出细密的小齿，用来伐树真是又快又省力。这就是锯子的原型。不过考古学研究发现，最晚在西周时期就已经有铜锯出现。虽然鲁班造锯只是一个传说，但是这个故事却道出了植物的一样本领：利用锋利的刺来保卫自己。

大家对长刺的植物应该不陌生。从仙人掌到玫瑰花，都是一身硬刺，"只可远观，不可亵玩"。不同的植物身上的刺在长短、着生位置等方面也不一样。它们是怎么长出来的呢？除了防御以外，植物身上的这些刺还有哪些让人意想不到的功能呢？

　　我们首先来看个极端的例子：皂荚（*Gleditsia sinensis*）。皂荚又名皂角，因为它的果实是20多厘米长的"大豆角"。这个"大豆角"中含有很多的皂甙和鞣质，干燥打碎后溶在水中，轻轻一摇就会产生肥皂一样的泡沫。在古代，人们经常用它来洗涤丝绸制品。如果你亲眼见过皂荚树的话，一定会记得它树干上那密密麻麻的刺。它的刺又长又粗，一根大刺上还能不断分枝长出小刺。大刺小刺交织在一起，简直比铁丝网还要密，让人看了胆战心惊，动物也不敢靠近。这些刺由原本应该长成枝条的组织发育而来，植物学上称为枝刺，内部连接着茎中的营养通道。枝刺一般比较长，而且非常坚硬锐利，不易折断，不易剥离，是植物有力的自卫武器。同样具有枝刺的植物还有我们常吃的橘子、橙子、柠檬等芸香科（Rutaceae）植物。它们的刺生长在叶片下方的腋芽位置，同样坚硬锐利，但一般不分枝。现在人们为了种植和采收的方便，也在逐渐选育一些无刺的果树品种，例如以观赏为主的佛手。普通佛手的刺很容易在运输过程中扎伤果子，而且作为盆栽，带刺会让人觉

皂荚（*Gleditsia triacanthos*）

得不友好。后来人们加强了对它的研究和选育，现在栽种的许多观赏佛手都是无刺品种了。

讲完枝刺，下面我们讲一种更加常见的变态刺：叶刺。顾名思义，叶刺就是由叶变成的刺状结构。我们最熟悉的仙人掌就具有典型的叶刺。除了这种全部的叶都变成刺的情况以外，还有一种是只在叶的基部长两个"小刺"——由原本生长在叶片基部的两个"小叶片"（托叶）变态而来——的。像我们常见的行道树刺槐（*Robinia pseudoacacia*）、常做盆栽的霸王鞭（*Euphorbia royleana*），上面的小刺都是托叶刺。霸王鞭的茎虽然长得肉肉的，上面也有托叶特化的小刺，但它却属于大戟科，与仙人掌科离得好远呢。只是它们都为了适应沙漠干旱少雨的气候，才演化出了相似的外观形态。叶刺还包括叶面刺和叶缘刺。就像传说中划破鲁班手的小草那样，这类植物在叶片上或者叶片边缘进化出了尖刺，比如枸骨（*Ilex cornuta*）和两面针（*Zanthoxylum nitidum*）。枸骨是一种常绿的灌木，主要分布在我国南方，广泛用于园艺种植。枸骨的叶子非常奇特：它的叶片很厚很硬，几乎每片叶子的边缘和顶端都长着5—7根很小很尖的刺。由于植株本身比较矮小且叶子生长得很密，叶缘的小刺显得密密麻麻，让人和动物不敢靠近。两面针也是一

霸王鞭（*Euphorbia royleana*）

枸骨（*Ilex cornuta*）

种神奇的植物。它在幼年的时候是小灌木，长大后成为木质藤本，攀缘在其他树木上。它的茎、枝和小叶的中脉部分都有弯钩锐刺，叶片中脉上的小刺几乎垂直于叶片。这些钩刺除了具有保护作用以外，还能勾住身边的各种东西，有助于它更好地攀缘生长。

还有一类刺。它们一般长在茎上，短小、尖锐而且密密麻麻，不像枝刺和叶刺一样着生在固定的位置上。这类刺称为皮刺，是植物表皮的一种附属物。像路边花坛中常见的月季，提取香水精油用的玫瑰，还有北方公园里常见的蔷薇和黄刺玫等，茎上都有这样的皮刺结构。顺便说一句，植物学上真正的玫瑰（*Rosa rugosa*）长得很丑，一般只用来制作香水、精油，或者泡茶喝。在花店买到的所谓"玫瑰"，它正式的名称叫杂种香水月季，是中国土生土长的月季（*Rosa chinensis*）和其他几种蔷薇经过很多年杂交选育而成的。不过，虽然选育了这么多年，至今好像还没有培育出无刺的品种。鲜花店的老板还得一天天不厌其烦地将花枝上的刺去掉。好在皮刺并没有连着茎中的营养通道，掰掉它非常容易而且对植物也没有什么伤害，花儿还是能灿烂地开上好长时间。

植物长刺最主要的目的就是防卫。高大的乔木主要防着大型动物采食和破坏，因此它们的刺多是坚硬粗壮的枝刺和叶刺（托叶刺）。这些刺连接着营养通道，不易断裂和损坏，而且可以随着植物的生长不断长大，甚至不断分枝。而那些比较矮小的灌木和草本植物防御的主要是鸟类和小型哺乳动物，还有一些昆虫，因此大多数的刺都是叶面刺、叶缘刺和皮刺。这类刺短而密，对小型动物很有效，即使被破坏了对植物的影响也不是很大。

　　除了防卫之外，植物的刺还具有很多其他的功能。仙人掌

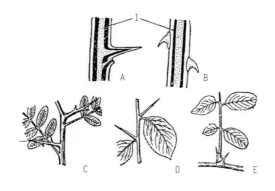

各种刺示意图【改编自《植物学》(上册)，陆时万等】

1：维管组织（茎刺中可见连接运送营养的维管组织，皮刺中则无）

A：茎刺　B：皮刺　C：茎刺（皂荚）　D：茎刺（山楂）　E：托叶刺（刺槐）

等生活在沙漠地区的植物利用刺状的叶来减少水分蒸发，抵御干旱。一些藤本植物（钩藤、杠板归等）靠茎上的倒钩刺辅助攀爬。板栗和刺梨将刺长在了果实外面，可以防止果实在未成熟时遭到动物破坏。苍耳和鬼针草同样将刺长在了果实外面，不过它们刺的末端有一个很小的倒钩，可以牢牢地将果实粘在路过的动物的身上，借助动物将种子传播到远方。荨麻科的蝎子草不仅全株都长着尖而细的长刺，而且这些刺是中空的，里面装着毒液。动物一旦被刺到，毒液进入皮肤，过不了多久皮肤就会红肿痛痒，像被蝎子蜇了似的。有许多荨麻科的草本植物看着毫不起眼，身上同样密布着短而细的刺毛，这是它们有力的防卫武器。

　　植物虽然不像动物那样可以逃避敌害或奋起反抗，但也绝不会坐以待毙。这一身尖刺就是它们保卫自己的有力武器。我们观察这些精妙结构的同时，也感叹于植物的智慧和造化的神奇。

绝命毒师

　　"红豆生南国，春来发几枝。愿君多采撷，此物最相思。"
说起红豆，相信大家都非常熟悉。不过在植物学上，我们常
说的"红豆"其实是很多种植物的统称。我国北方所说的"红
豆"主要指的是可以煮粥制豆沙的赤豆（*Vigna angularis*）。赤
豆的种子中富含糖类和蛋白质等营养物质，许多人都爱吃。而
在我国南方，"红豆"却是一辈子最多吃一次——因为一次
就没命！这种有毒的红豆，正是诗中所说的相思子（*Abrus
precatorius*）。相思子种子的颜色是最经典的"红黑配"：种子
表面三分之二的区域是艳丽的红色，余下的三分之一是黑色。
这样的配色使它看上去有几分像动物的眼珠。因此在我国台湾
地区，这种植物又被称为"鸡母珠"（"鸡目珠"的讹称）。更
妙的是，它的每一粒种子不仅形状相同，重量也都基本相当。

相思子〔*Abrus precatorius*〕

由于相思子的种子形状规则、颜色鲜艳，人们经常用它制作项链、手串等艺术品。可是，相思子种子内部含有剧毒的相思豆毒蛋白（abrine），被人误服后会造成循环系统和呼吸系统衰竭，两三粒就足以致命。我们在新闻报道上也偶尔能看到痴情女孩咬碎相思豆中毒的报道。好在这种剧毒的蛋白被厚厚的漂亮种皮保护起来，想接触到也不是那么容易，只要我们不弄破种皮，身上又没有明显的伤口，相思豆作为饰品佩戴和观赏还是很安全的。

植物为了保护自己可谓想尽了办法。比起打制用于物理防御的"刺刀"，制造"毒药"更复杂也更高明。植物制造"毒药"，本意是让动物吃后感到不舒服，从而避免被再次取食。但有些植物却将这种手段发挥到了极致，成了"绝命毒师"，能够悄无声息地置动物于死地。下面我们就来了解一下植物界几位厉害的"毒师"吧。

夹竹桃（*Nerium indicum*）是一种很美丽的植物。它的叶子窄长似竹叶，却能开出粉红色的五瓣花，颇有几分桃花的神韵。由于夹竹桃，花开得大、开得久、开得艳丽，还可以在污染较为严重的环境中生长，因此在我国南方常作为绿化植物种植在工厂周围。可谁知这样一位"美人"却是个"绝命毒师"

夹竹桃（*Nerium oleander*）

呢！夹竹桃的毒素主要有两种：一是强心苷类物质，这类物质被人服用后会毒害心血管系统，引起心律不齐等症状；二是吲哚型生物碱，这类物质能抑制神经系统。这些毒素充斥在夹竹桃的各个部位，在汁液中含量最高。仅一片夹竹桃的叶子就能让婴儿丧命，10—20片就能引起成人相当严重的中毒反应。而且这些毒素在植物体内非常稳定，甚至植物枯死后焚烧产生的烟雾也能使人中毒。

海芋（*Alocasia macrorrhiza*）就是我们熟悉的盆栽植物"滴水观音"。它的叶片又薄又大，常作为大型观叶植物摆放在各大办公楼中。海芋茎叶破损处渗出的汁液中含有草酸钙、氢氰酸、生物碱等多种毒素，接触皮肤后会引起疼痛和红肿，少量误食会引起舌头麻木肿大，严重的会导致中枢神经麻痹甚至死亡。除了海芋之外，天南星科（Araceae）的很多其他观赏植物也都有毒，比如马蹄莲、红掌等。这些植物养在家里要格外注意，以防儿童误食，修剪植物时最好戴上手套，以防汁液接触手部引起过敏反应。

荀子说过："君子性非异也，善假于物也。"既然这些"绝命毒师"如此高明，怎能不请其出山，为我所用？实际上，古人早就开始对这些有毒植物加以利用了。远古时期的人类以采

海芋（*Alocasia macrorrhizos*）

集和狩猎为生，巧妙利用有毒植物可以大大提高狩猎的成功率。"见血封喉"（*Antiaris toxicaria*）树如其名。它树干中的白色乳汁含有剧毒生物碱，一旦进入动物的血液，动物就可能因心律失常而死亡。人们将这种乳汁涂在箭上，只要箭头稍稍擦破猎物的皮毛，猎物很快就会中毒倒地。被毒死的猎物是可以食用的，因为见血封喉汁液中含有的强心苷类化合物需要血液产生毒性作用，而不会毒害人们的消化道。

到了文明时期，"绝命毒师"们依然没有退场。在历史故事中，服毒自尽、下毒谋杀这类情节数不胜数，其中就不乏毒植物的身影。"问君能有几多愁，恰似一江春水向东流。"南唐后主李煜写完这首词后不久就被宋太宗残忍地用毒酒毒死了，利用的就是有毒植物马钱子（*Strychnos nux-vomica*）。食马钱子中毒死亡的过程十分痛苦。毒性发作后，严重的肌肉痉挛会使人头向上仰，身体拱起，就像一张弯弓一样。因此，马钱子又有"牵机药"的别名。

在西方，宫廷权力斗争也一样血腥残酷。古罗马著名的暴君尼禄17岁就用毒酒毒死了弟弟。根据历史记载的中毒症状，有人推测毒药的来源是一种叫颠茄（*Atropa belladonna*）的植物。颠茄体内含有多种生物碱，主要有阿托品、天仙子胺和莨

颠茄（*Atropa belladonna*）

莨胺等。服用大剂量颠茄会引发呼吸衰竭而致死。

　　然而正所谓"是药三分毒"，药也是毒，毒也能成为让人起死回生的救命药。我国博大精深的中医药文化将这种对立统一发挥到了极致。许多中草药都具有毒性，大夫须要在制药过程中减轻毒性并且严格控制用量，才能达到治病救人的目的。这种被载入史册的"杀人犯"颠茄，在我国也是一种药用植物。它的叶可以做镇痛药，根可以治疗盗汗，还具有散瞳和放松眼睛的作用。古代西方妇女用颠茄制剂滴眼，利用其散瞳的作用使眼睛看上去更为美丽。因此，颠茄又叫"美女草"，而其拉丁种名"*Belladonna*"原意正是"美丽的妇女"。

　　至此，想必大家已经为植物的智慧所深深折服。植物作为"绝命毒师"可不是徒有虚名。"纯天然"并不意味着安全，大家千万不要乱食"野味"，说不准哪一次就败在了"毒师"的魔掌之下。但是如果我们能够正确地加以利用，这些毒物不仅会成为花园中美丽的点缀，更有可能成为我们的"救命恩人"呢。

肉食者不鄙

    千姿百态的植物，仿佛自然界最清高的修士。它们扎根土地，饮着清汤寡水却能郁郁葱葱。但其中确实也存在着一些独特的"肉食者"。虽然这些"肉食者"是少数派，但它们各种奇特的习性却深深吸引着我们。《左传》中有句话叫"肉食者鄙"，说的是吃肉的当权者目光短浅、品质低劣。但植物中的"肉食者"可不鄙，它们个个智勇双全。

    植物"肉食家族"的长老之一，便是大名鼎鼎的捕蝇草（*Dionaea muscipula*）。捕蝇草有着翠绿中泛红的皮肤，小巧可爱里略带羞涩。外表萌萌的捕蝇草却练就了酷酷的吃虫神功。它那边缘长着刺毛的椭圆形捕虫叶，如同女神维纳斯那生着长长睫毛的大眼睛，因此捕蝇草在英语里叫作"Venus flytrap"（维纳斯的捕蝇陷阱）。

捕蝇草（*Dionaea muscipula*）

捕蝇草是怎样施展神功的呢？它的捕虫夹内壁有敏锐的感觉毛，还分布着细小的腺体用来分泌消化液。平日里它张开那外表和善的夹子，天真的昆虫靠近时，很容易就会碰到夹内柔软的感觉毛。而一旦昆虫触碰到这个神奇的机关，捕蝇草就不动声色地开启了"计时器"和"计数器"，静静等待感觉毛第二次被触碰。只要在20秒内发生第二次刺激，捕蝇草便会以迅雷不及掩耳之势，在0.2秒内合拢捕虫夹。"维纳斯的长睫毛"此时就扣成了牢笼，困住里边的小昆虫。千万不要以为捕蝇草会马上开始狼吞虎咽，它可是很讲究的，要确保食材足够新鲜才会分泌消化液。捕蝇草会任猎物在夹子中拼命挣扎，当感觉毛受到第三次刺激时就准备好消化液，当刺激五次时就正式释放消化液。昆虫挣扎得越剧烈，捕蝇草的胃口就越好。它会释放大量的消化液，将昆虫身体的蛋白质部分完全消化，并利用其中的氮元素。

事实上，每当感觉毛受到刺激时，捕蝇草都会立刻"触电"般警惕起来。是的，在这一瞬间它体内的钙离子显著升高，会形成一次电信号。它也正是以此来计时和计数的。而那些没有通过整套检测程序的猎物就会逃过一劫——即使捕虫夹闭合，后续的"质检"失败也会让夹子在短时间内再次张开，释放"不合格"的猎物。从捕虫到分泌消化液的整个过程都是非常消耗能量的，捕蝇草设计这样反复检验的机制，是为了最大程度上防止因为猎物不适合而给自己造成能量损失。

食肉植物之所以不走寻常路，往往是因为它难以从土壤中吸收足够的养分，只好靠捕捉动物来补充营养。除了捕蝇草，植物中还有哪些有趣的"肉食者"呢？

猪笼草（Nepenthes）是一个有趣的大家族。猪笼草的捕虫神器是叶子特化成的捕虫笼。捕虫笼看上去像只带盖子的大肚子花瓶，笼盖子上分泌着可以吸引昆虫的糖蜜，向过客们大敞门户。然而，它的内壁是十分光滑的蜡质表面，"瓶"身竖直陡峭。寻香而来的昆虫经常脚下一滑，跌进沼泽似的消化液里，越挣扎越深陷，直至葬身于此。而此时猪笼草便通过"瓶"中的消化液分解昆虫，吸收这来之不易的营养。

猪笼草"口蜜腹剑"，却有很多动物伙伴与它达成了很好的合作关系。赫姆斯利猪笼草（Nepenthes hemsleyana）的动物伙伴是蝙蝠。它的笼子狭长，消化液较少。身型瘦长的蝙蝠白天会将它作为休息的好去处。少量消化液并不伤害蝙蝠，反而可以帮助它防御多种害虫。天然客栈让蝙蝠住得十分惬意，而它的"住宿费"就是它的粪便。蝙蝠留在笼内的排泄物刚好

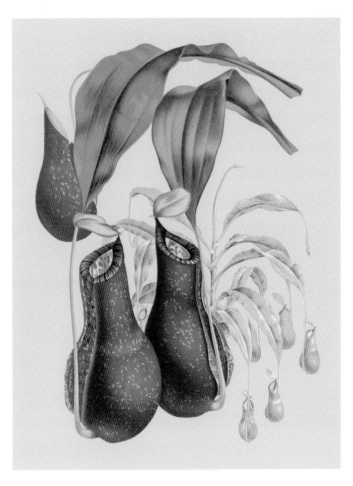

猪笼草（*Nepenthes hookeri*）

能被猪笼草吸收，为它提供生长所需的营养物质。而劳氏猪笼草（*Nepenthes lowii*）的捕虫笼瓶颈更细，肚子更圆，除了吸引小昆虫，盖子上的糖蜜还会吸引树鼩。树鼩能游刃有余地踩在笼口吃蜜而不掉进笼中。它蹲在笼口吃糖蜜的姿势和劳氏猪笼草的捕虫笼非常契合，树鼩的粪便可以准确落入笼中，为劳氏猪笼草供给养分。有人还推测，猪笼草提供的甜甜的蜜还能促进吃蜜的小动物排泄，让它们边吃边生产肥料。

茅膏菜（*Drosera*）是植物中的另一大类肉食者。茅膏菜的叶子上长满了腺毛，每一根毛上都顶着晶莹剔透的黏液。腺毛上挂着的黏液滴像秋日晨光中的露水，所以茅膏菜的英文名是"sundew"（阳光露珠）。昆虫们常常误将它的黏液当作花蜜，落脚取食时便被牢牢粘住，无法挣脱。茅膏菜感受到挣扎后叶子会卷曲起来，周边的腺毛触手随之全部响应，抱紧昆虫使其无法挣脱，最终将其消化。茅膏菜也很讲究，它精致的陷阱只青睐有机物，对沙石水流等则不屑一顾。有机物中，它又最喜欢吃蛋白质，所以它对蛋白质的反应最敏锐，其次是糖和脂肪。

有些肉食者还能潜藏于水下，比如狸藻（*Utricularia vulgaris*）。狸藻是生于湖泊沼泽的小家碧玉，水面上有它纤细

茅膏菜（*Drosera spatulata*）

柔弱的腰肢，娇羞的花儿如同少女的彩裙，也有点像竖起耳朵的小兔子。这样小巧可爱的植物，竟也是水中的冷酷猎人。狸藻在水下藏了许多捕虫囊，形似中国古代扁圆的酒囊。机智的狸藻排出囊中空气然后关闭囊口，形成半真空的口袋。它分泌出蜜汁吸引幼小无知的水生生物，如水蚤、孑孓（蚊子的幼虫）等。小虫被引诱到囊口，只需最微小的触碰便可引发袋口的机关。半真空的囊袋一旦打开，因为内外巨大的压力差，小生物连同水流瞬间就会被吸入囊袋。满怀心机的狸藻这时关闭囊口的单向门，让猎物无处可逃，只得活生生被消化。这位冷血杀手将这一切完成得干净利落，整个猎杀过程不到千分之一秒！

　　爱吃肉的植物还远远不止这些，它们是大自然精致的艺术品，是神秘的存在。这些肉食者有着灵巧的机关、莫测的妙计，让人好奇、沉迷。直到今天，它们依旧深藏无尽玄机，等着人们去一步步探索发现。

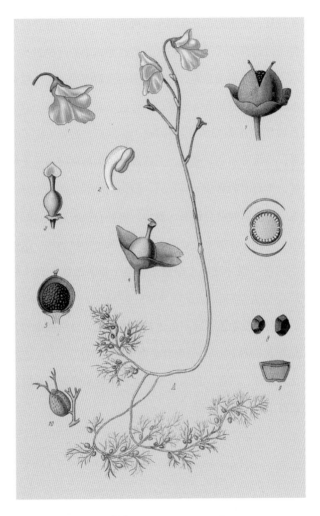

狸藻（ *Utricularia vulgaris* ）

战斗无声

战争，总是伴随着硝烟弥漫和炮火纷飞。人为公理正义而战，动物为食物和配偶而战。即使在一片看似祥和安宁、郁郁葱葱的热带雨林中，植物为了争夺有限的阳光和营养也在进行着激烈的战争。这是一场寂静无声却残酷无情的较量。而战胜方获胜的方式简直让我们叹为观止。

垂叶榕（*Ficus benjamina*）是一种主要分布在热带的高大乔木。它枝叶浓密，生命力旺盛，耐修剪、易造型，是我国华南地区园林绿化的常用植物。然而在它的家乡——西双版纳热带雨林中，垂叶榕可不是任人摆布的盆栽桩景，而是一个可怕的"杀手"。垂叶榕本身非常喜光，但是在茂密的热带雨林中，阳光会被高大的树木层层遮挡，到达底层的光线非常微弱。如果种子在地上萌发，新生的小苗会因为光线不足而无法存活。于是垂叶榕想到了这样的办法：它的果实在成熟后呈现非常鲜艳的红色或黄色，挂在高高的枝头，吸引鸟类取食，种子也就能随着鸟儿的粪便四处传播。垂叶榕希望种子能落在其他大树的枝干上，尤其是那些表皮比较粗糙、有裂缝的树。一旦这些地方有了合适的阳光水分等条件，种子就能够迅速发芽生长。垂叶榕长出的枝叶和气生根把寄主树缠了一圈又一圈，拼命地抢夺本属于寄主树的阳光和营养。随着垂叶榕越长越大，可怜的寄主树却一天天"憔悴"下去。一旦气生根碰到了地面，垂叶榕便会迅速长出发达的根系，从土壤中吸收养分独立生存，再也不需要寄主树为它提供任何保障了。于是，更加发达粗壮的气生根将寄主树紧紧勒住。就像被蟒蛇紧紧缠住的猎物会窒息而死一样，寄主树在这样的压迫下，因为营养运输受阻，过不了多久就会死亡。死后的寄主树会在各种真菌的作用下逐渐腐烂，使垂叶榕看起来好似一棵空心树，只靠网状的气生根支撑着庞大的树冠。枯木腐烂分解产生的营养更加滋润了垂叶榕，使它生长茂盛，开花结果。鲜艳的果实再度高挂在枝头，等着小动物们过来帮它繁殖出下一代的"杀手"。

在植物界中，垂叶榕并不是唯一的异类。据统计，在热带雨林中具有这样绞杀功能的榕树有二三十种之多。残忍的绞杀也不

榕树的绞杀现象

是植物赢得生存斗争唯一的方法。有一些植物，它们不会将寄主植物置于死地，而是选择一直"赖"在寄主身上，靠从它们身上吸取养分生活。这一大类就是寄生植物（phytoparasite）。

寄生植物是被子植物中特殊的一类，指的是那些自己不能独立生活，必须依靠寄主植物才能正常生长繁殖的植物。目前我们认识的寄生植物大概有4200多种，占全部被子植物的1%以上。寄生植物用来从其他植物那里"偷"营养的结构称为吸器（haustorium）。吸器能够穿透植物的表皮，连接寄主用来运送营养的通道。这样寄生植物就能搭上寄主植物运送水分和营养的"顺风车"，从而坐享其成。自然界中还存在一类与寄生植物很像的附生植物。附生植物（epiphyte）是那些"借住"在其他植物上的植物。它们虽然不长在土壤里，但是可以进行光合作用制造营养，也可以通过自己的根来吸收空气中的水汽和树皮表面的腐殖质。它与被附生的植物并没有营养上的交流，寄主对它"包住不包吃"。植物的附生现象是热带雨林植物标志性的特征之一，像我们熟悉的蕨类，一部分兰花，还有近几年引入花市据说挂起来就能活的空气凤梨，都是原产于热带雨林的附生植物。

我们再说回寄生植物。大部分寄生植物的吸器都长在地

面下，从寄主植物的根部吸取营养。这一类称为根寄生植
物。根寄生植物在地面上几乎没有叶子，看上去就像是直接从
土里开出来的花。比如生长在东南亚热带雨林中的"最大的
花"——大王花，就是一种典型的根寄生植物。我国也分布
着很多根寄生植物，比如喜欢"吃"蒿子的列当（*Orobanche
coerulescens*），生长在荒漠地区的名贵中药锁阳（*Cynomorium
songaricum*）和肉苁蓉（*Cistanche deserticola*）。还有一类寄

大王花（*Rafflesia arnoldii*）

生植物将吸器扎在植物的茎上，称为茎寄生植物，比较常见的就是"魔王丝线"菟丝子（*Cuscuta chinensis*）。它全株黄色，无叶无根，完全缠绕在寄主植物的茎上生长。菟丝子是一类危害很大的恶性杂草。它的生长速度非常快，一旦缠上寄主就会像吸血鬼一样疯狂地从寄主身上吸取水分和营养，导致其营养不良甚至成片死亡。2007年，我国宁夏地区的草原就遭受了一次严重的菟丝子灾害，大量野生牧草被缠绕致死，给当地牧民的生产生活和草原生态造成了很大的影响。

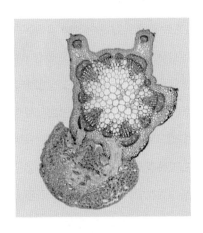

菟丝子吸器结构横切

左下为寄生植物的茎，右上为寄主植物的茎。可见寄生植物与寄主植物的营养通道相连接。

　　寄生植物是如何找到它的寄主呢？大部分植物靠的是它们灵敏的"嗅觉"。每种植物都会散发属于自己的"气味"，即一些化学物质的组合。寄生植物可以通过"闻"气味来判断附近这个植物是不是它的菜，能不能做它的寄主。除了通过感知气味寻找寄主，一些生活在树冠高处的寄生植物还可以托身鸟腹锁定寄主，比如槲寄生（*Viscum coloratum*）。槲寄生是一种半寄生植物。它虽然可以自己制造部分营养，但还是需要寄主为其供应水分和无机盐等。它生活在高高的树冠上，开花之后会结出鲜红或淡黄色的小浆果来吸引鸟类取食，种子随粪便排出。槲寄生的种子非常黏，在被鸟类排出后很容易黏附在其他树上。黏附成功后种子会迅速萌发并扎根，长出一株新的槲寄生。

　　这就是寄生植物的全部吗？还有更神奇的呢！檀香科重寄生属（Phacellaria）的8种植物将自己的"身家性命"都押在了桑寄生科植物的身上。桑寄生科植物本身就是一类半寄生植物，所以重寄生植物就是寄生于寄生植物的寄生植物了。为了获取自然界中有限的资源，看似与世无争的植物之间也充满了钩心斗角和弱肉强食。存活在世上的每一种植物都是斗争的胜利者。我们应该珍惜，努力保护好我们身边这个多彩的植物世界。

槲寄生（*Viscum album*）

红颜薄命

提到郁金香（*Tulipa gesneriana*），大家应该都不陌生。每到春天，郁金香的新芽便会从土里洋葱一样的鳞茎中冒出来。过不了多久，几片绿色叶子中间就长出了一朵小杯子一样的花。红色、黄色、紫色甚至黑色，郁金香大而艳丽的花朵受到世界各地人民的喜爱。尤其在荷兰，人们对郁金香的喜爱简直无以复加。荷兰将郁金香定为国花，每年有国家法定的"郁金香日"，郁金香贸易更是一度成为国家的经济支柱。但是你知道吗？正是这高贵美丽的郁金香引发了人类历史上第一场典型的泡沫经济，波及整个荷兰。

1592年，郁金香第一次进入荷兰。这一时期荷兰的航海和贸易空前发达，贵族们都腰缠万贯。当时美丽而稀有的郁金香迅速受到了荷兰上流社会的狂热追捧，成为贵族们财富和身份

郁金香及其鳞茎

地位的象征。于是一场争夺郁金香的大战开始了。从贵族到平民，几乎每一个荷兰人都争相购买昂贵的郁金香，期望能以更高的价格卖出去。郁金香种球的价格被越抬越高，早已远远超过了它自身的价值。在各种郁金香中，最昂贵同时也最受欢迎的是花瓣上带有斑驳条纹的品种。它们美艳妖娆、富有变化的条纹独树一帜，受到人们更加狂热的追捧。然而当时的人们一定想不到，他们最为钟爱的条纹郁金香竟然是一个"病美人"，花瓣上的条纹是病毒感染的结果。

现在我们对病毒已经很熟悉了。大到致命的狂犬病，小到我们年复一年对抗的流感，都是由病毒引起的。关于病毒现在科学界还没有一个严谨而完整的定义。简单来说，病毒（virus）是一类非常微小、结构非常简单的生命形式。之所以不称它为生物，是因为它不具有细胞结构和完整的新陈代谢系统。平时它就是蛋白质外壳包着核酸，不表现出任何生命特性，表面上看毫无危害。它只有通过感染宿主细胞才能展示出具有"生命"的那一面。在宿主细胞里，病毒以细胞中的代谢系统为工具和原料合成它所需要的蛋白质和核酸。将这些材料合成并组装好之后，病毒会使宿主细胞破裂。成百上千个小病毒被释放出来，寻找各自的侵染目标。

正如我们人类会被病毒感染而生病，植物也会因为病毒感染而表现出各种各样的症状。让荷兰人曾经为之疯狂的条纹郁金香的条纹，就是郁金香碎色病毒感染了郁金香的种球而造就的。这种病毒之所以能让花瓣上显现出复杂的斑纹，是因为它可以影响植物细胞内花青素的合成。花青素是一种偏红色或蓝色的色素。能正常合成花青素的细胞会显出深红色，而那些被病毒侵染的细胞因为不能顺利合成花青素，则会呈现出较浅的黄色。健康细胞和感病细胞在花瓣中交错排列，就产生了错综复杂的斑纹。

病人终究是病人。条纹郁金香的花虽然美艳，整株植物却生长缓慢，花期缩短，朵数减少，土里的鳞茎也会萎缩，第二年再种就不能开花了。那如何才能让碎色的品种传下去呢？荷兰的园艺师发现，如果将碎色郁金香的种球与普通郁金香的种球嫁接到一起，普通郁金香就能开出碎色的花来了。现在我们知道，这是嫁接过程中两个鳞茎的破损面接触，病毒从带病种球传播到健康种球造成的。除了郁金香，有很多果树上的病毒也可以通过嫁接传染。在水果生产中使用嫁接技术时我们须要提高警惕，尽量避免传染病毒，以免影响水果的品质。

自然环境中没有人为的嫁接，病毒是如何传播的呢？之前

条纹郁金香的花朵

说过，病毒离开了细胞就是毫无生命的蛋白质，靠自己根本不可能突破植物表面的层层防护。它须要找到"伤口"，乘虚而入。在自然环境中给植物造成"伤口"最多的生物要数昆虫了，比如蚜虫和飞虱。它们的嘴特化成了一根"吸管"，可以很轻易地刺穿植物表皮，吸食其中的汁液。这类昆虫简直是病毒传播的绝佳帮手。病毒可以随着昆虫吸入的汁液进入昆虫体内，再趁它取食植物时乘虚而入，侵染原本健康的植物。研究者们将这些可以携带并传播病毒的载体称为传播媒介。有研究表明，大约80%的植物病毒依赖特定的昆虫作为传播媒介。蚜虫这种长着吸管型嘴巴的中小型昆虫，是病毒们尤其喜欢搭的"顺风车"。除了昆虫之外，其他的传播媒介还有螨类、土壤中的真菌和线虫等。这些传播媒介主要是通过植物生长过程中叶子之间互相摩擦或者根与土壤之间摩擦造成的伤口来传染病毒的。

虽然染病的郁金香开出的杂色花让人眼前一亮，但是在自然界中，病毒对植物的影响往往都是消极的，危害巨大。我们的主要粮食作物水稻就是病毒病的"高危物种"。水稻条纹叶枯病，因其传播迅猛、危害极大，被称为"水稻上的癌症"。患病的水稻，叶子上会出现黄绿相间的条纹，生长缓慢，抽穗畸形，结实很少。这种病一旦暴发就会使得粮食大幅减产。这种病是由水稻条纹叶枯病毒（rice stripe virus，RSV）引起，由一种叫作灰飞虱（*Laodelphax striatellus*）的昆虫传播。灰飞虱个体微小，成虫体长也只有3—4毫米，主要以吸取水稻的汁液为食。之前人们为了防治这些昆虫传播的病毒病，在稻田里使用了大量的杀虫剂。一开始杀虫效果非常显著，但是"一代更比一代强"的昆虫们几代之后就对杀虫剂有了抗性。杀虫剂效果越来越差，环境污染越来越严重。人们不得不求助于科学家，寻找另外的方法来解决这一问题。

科学家们深入研究了病毒侵染水稻后的一系列行为和植物相应的反应。这些反应简单来说分两步：病毒进入植物细胞后首先想办法借助植物的"生产线"（DNA复制和蛋白质合成系统）生产出成百上千个小病毒；之后这些病毒要通过植物中运送营养的"高速路"（植物的输导组织）运输到全身各处，等待昆虫前来进食，伺机传播。而科学家的任务，就是通过改造植物的"生产线"和"高速路"，既不影响植物自身生长，又能最大限度地阻断病毒在其体内的增殖和扩散。有了这样的技术再加上植物天然的防御措施，在实际生产中就能很大程度上减少昆虫传播的病害了。

　　一边是妖娆美艳的条纹郁金香，一边是叶上条纹斑驳却颗粒无收的水稻，植物病毒真是让人又爱又恨。其实现在我们对病毒的了解还远远不够，还须要进行更深入的研究，进而利用我们的聪明才智和高端科技让它们"弃恶从善"，与我们和谐共处。

生于忧患

　　真菌（fungi）是一种在我们生活中无所不在的真核生物。我们平时吃的蘑菇和木耳，腐烂的水果上长出的"白毛"，酿造啤酒使用的酵母，都是真菌。有些真菌会侵染人类，例如皮肤癣菌，就是许多皮肤癣的罪魁祸首。同样，也有许多真菌会感染植物。绝大多数时候，人们不希望自己种的植物被真菌侵染，但在一些特殊情况下，植物感染真菌后会发生神奇的变化，让人们收获意想不到的喜悦。

　　说到这儿就得说说茭白这种非常可口的食物了。在古代，茭白被称作菰或雕胡，早在三千年前，古书《周礼》中就有相关的记载。当年菰（*Zizania latifolia*）还是一种粮食作物，人们主要食用它的种子——菰米。种植菰是一件非常辛苦的工作：菰的茎秆高达1—2米，生长在水塘中，看上去很像特大号

菰（*Zizania aquatica*）

的水稻。但是与水稻整穗成熟、一次就可以完成收割不同，菰的种子成熟期不一致，而且种子在成熟后会很快掉入水中。所以在菰米成熟的时节，农民们每天都要驾着小船在高大的菰中间穿梭，及时收集已经成熟但尚未脱落的种子。我们的祖先在种植菰的过程中发现了这样一种奇怪的现象：池塘中经常会有些菰一直不开花结果，茎的基部也非常粗大。正常的菰茎秆只是筷子粗细，而这些奇怪的菰茎秆却比擀面杖还粗。作为一种粮食作物，如果不能正常开花结果，就意味着没有了收成。但是我们的祖先们并没有放弃。他们尝试食用菰那膨大的肉质茎，却发现格外鲜嫩可口，流传下来就成了我们现在食用的茭白。为什么这些菰会变成不结种子的茭白呢？原来是被一种名为菰黑粉菌（*Ustilago esculenta*）的真菌感染所致。这种真菌在侵染植物的茎秆后会分泌特殊的物质使茎秆膨大，为自己的生长创造足够的空间。也正是由于受到真菌的感染，原本正常生长的菰便不能再开花了。茭白就是这样由两种生物相互作用产生的一种神奇食物。

与之相似的还有冬虫夏草。冬虫夏草是一种名贵的中药材，很多人都理所当然地认为它是由虫和草组成的。但其实冬虫夏草的形成过程并没有植物的参与，起重要作用的两种生物

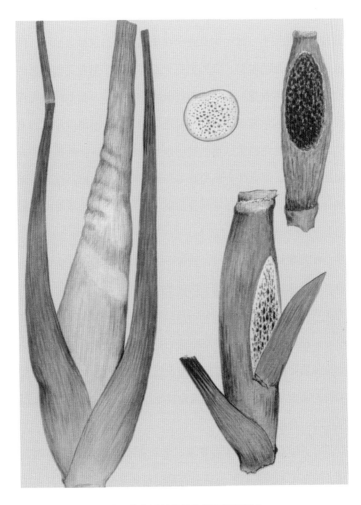

感染茭草黑粉菌的菰茎秆基部膨大

冬虫夏草

是昆虫和真菌。虫草真菌（*Cordyceps sinensis*）寄生在蝙蝠蛾
幼虫的体内。冬天时真菌不生长，虫子也能正常地生活。当天
气回暖，真菌便开始疯狂生长，不断地摄取幼虫体内的营养。
最终真菌突破虫体长出自己的繁殖结构，而可怜的幼虫却被活
活"榨干"营养而死亡。所以冬虫夏草中像草的部分其实并不
是草，而是真菌长出的繁殖结构。

　　植物与真菌之间还有着更神奇的故事，那就是大名鼎鼎的
沉香。早在两千年前我国就已经有了关于沉香的记载。古人将

沉香、檀香、龙涎香和麝香这四种名贵香料并称为"四香"，而沉香位列四香之首，足见人们对它的特殊感情。南朝史学家范晔有言："麝本多忌，过分必害；沉实易和，盈斤无伤。"说的是与麝香相比，沉香更加温和，对人不会造成伤害。宋代时沉香就是只有皇家才能使用的珍贵香料，到了明代，便更加稀少。在明代著作《香乘》中沉香被列于卷首，有着"一寸沉香一寸金"之说。沉香的香味介于龙涎香与檀香之间。龙涎香与麝香是动物分泌物的气味，檀香是檀香树木材的气味，而沉香的香气最为特殊，介于植物香与动物香之间。那么究竟是什么使得沉香有如此的香气呢？答案也是真菌的侵染。

沉香树并不是某种特定的树。我们将可能产生沉香那种馥郁香气的树木统称为沉香木，包括橄榄科、樟科、大戟科和瑞香科中的一些大型乔木。其中橄榄科、樟科的种类主要产于美洲，而大戟科、瑞香科的一些传统产香植物在我国就有分布。东汉时期对沉香有这样的描述："蜜香，欲取先断其根，经年，外皮烂，中心及节坚黑者，置水中则沉，是谓沉香。"要想获得沉香，就要先在沉香木上砍出伤口，还要经过好几年的等待。现在我们知道，这是因为树木受伤后自身防御系统被破坏，更容易受到真菌侵染。而一旦沉香树察觉有真菌入侵，就

某瑞香科沉香属植物

会进入应战状态，分泌一些次生代谢产物来抑制真菌繁殖。而真菌为了继续扩大侵略也不甘示弱，同样使用"化学武器"来应对。在沉香树与真菌的"战争"爆发后，由于真菌不能完全将植物杀死，植物也无法完全赶走侵略者，二者往往会进入旷日持久的对峙状态。而它们给对方施用的"化学武器"遗留在战场上，混合起来，随着时间的积累发生变化，逐渐产生一些具有芳香气息的物质。时间越长，产生香气的物质就越多。普通的沉香木也就在这样的斗争中蜕变成了珍贵的沉香。

沉香的产生对环境的要求非常高。据记载，我国的沉香木曾经"交干连枝，岗岭相接，千里不绝"，然而"有香者百无一二"。要产出沉香，首先，沉香木的树龄要在20年以上，这样的树木才足够强壮，不至于被真菌侵染致死。其次，还需要特殊类型的真菌，包括曲霉、芽枝霉、镰刀菌、毛霉、青霉、木霉等数十种。真菌需要潮湿温暖的条件才能很好地生长，因此当地气候必须长期湿热。沉香树在真菌侵染后生长至少3年积累的特殊物质才足以发生化学反应产生香气，一些品质上乘的沉香甚至需要几十年才能形成。此外，采香人的慧眼识香、合理采香也是至关重要的。沉香的产生耗时极长，有些人却只顾眼前利益，为了得到沉香将大量的沉香树损毁性砍伐，造成了对环境和资源的严重破坏。只有在合适的时间，以正确的方式合理采集，才能获得品质最好的沉香。

无论是好吃的茭白，还是好闻的沉香，都是顽强的植物送给我们的礼物。植物受到真菌的侵染伤害后勇敢坚定地与真菌斗争，在忧患中生存，最终以崭新的面貌出现在我们面前，令人肃然起敬。

最佳拍档

　　俗话说"树大根深"，根对于植物是至关重要的。植物的根深深地扎在土壤中，在起到固定作用的同时，还吸收水分和无机盐类，为植物生长提供必要的物质保障。土壤是一个非常复杂的环境，里边生活着各种微生物。许多微生物企图从根系入侵植物，希望从植物体内吸取营养，完成自己的生长和繁殖。而植物也在想方设法保卫自己，抵抗微生物的侵略。不过这样的斗争也不是绝对的。在长期的演化中，一些微生物也尝试与植物"化敌为友"，组成互惠互利的"最佳拍档"，在土壤中和平共处。根瘤和菌根就是植物与微生物合作共赢的典型代表。

　　根瘤菌（rhizobium）是一类杆状细菌，平时生活在土壤中，可以将空气中的氮气转化为铵盐为植物所用。它们的"好朋友"是豆科植物。豆科植物在自己的根上为根瘤菌提供生长繁殖的"庇护所",而根瘤菌代谢产生的铵盐则是豆科植物最需要的营养物质。二者互惠互利,密不可分。但是植物的种类多种多样,而土壤中的细菌也不计其数,根瘤菌是如何找到豆科植物并成功在其根上"安家"的呢?和寄生植物找寄主一样,细菌也是"闻"着找过去的。植物的根系会产生一些小分子有机物并将其扩散到周围的土壤中,不同植物产生的小分子种类和浓度各有不同。而根瘤菌恰恰能分辨出豆科植物产生的气味,进而通过小分子的浓度变化锁定豆科植物根的位置。到达根部附近之后,根瘤菌会分泌一种起"通行证"作用的蛋白,这种蛋白会使植物根部用来阻挡细菌侵入的"铜墙铁壁"发生轻微溶解,根瘤菌由此进到植物内部。而植物在感受到根瘤菌侵入后不仅不启动防御,反而不断为其提供帮助。于是,进入植物细胞中的根瘤菌如鱼得水,有了更加饱满的精神状态,生长和增殖速度都比在土壤中快了许多。根瘤菌不断地向根的中间部分移动,而植物也处处帮忙,让它们一路畅通无阻地来到了根内侧的皮层细胞。当皮层细胞感受到根瘤菌到来时会进行自我改造,将自己变成根瘤菌的"房子",迎接它们"入住"。根瘤菌"入住"后会促进皮层细胞不断分裂和发育,在植物根部产生许许多多的住有根瘤菌的"小屋"（细胞群）。这就是根瘤的雏形。

营造起根瘤这个小小的"庇护所"后还需要二者共同来"装修"一下。植物负责提供装修的"原材料"，而根瘤菌则利用植物提供的材料在根瘤外搭建一个外壳，这个外壳可以阻止氧气进入根瘤。完成这次"装修"后，根瘤中有了适合固氮的低氧环境，根瘤菌也该开始自己的"本职工作"了：它从植物细胞中获取营养，合成固氮作用所需的一系列的酶，并将从空气中吸收的氮气逐步转化为铵态氮为自己和植物所用。为了以更好的状态工作，根瘤菌发生了一些变化：它们的细胞膨大，呈现出不同的形状，同时丧失繁殖能力。这种变化后的根瘤菌称为类菌体（*Rhizobium* bacteroid）。类菌体的固氮效率极高，但是却很"挑食"，只以一种有机酸作为能量来源，豆科植物便大方地"双手奉上"。此外，豆科植物为了让根瘤菌有更好的生存环境，还会在根部合成一种特殊的球蛋白。这种球蛋白与根瘤菌产生的血红素结合，形成了一种神奇的蛋白：豆血红蛋白。豆血红蛋白可以在氧浓度高时结合氧气，在氧浓度低时释放氧气，从而维持根瘤微环境中氧气浓度的稳定。这既保证了根瘤菌的固氮作用不会被氧气影响，又使根瘤菌有足够的氧

豆科植物紫云英（*Astragalus sinicus*）

气生存下去。

　　研究根瘤菌与豆科植物对于我们有着非常重要的意义。中国的耕地面积只占世界的7％，却要养活世界上22％的人口。中国化肥和农药的使用量分别占到世界的30.7％和20％，单位面积的施用量分别是世界平均水平的4倍和2.5倍。化肥和农药的过度使用不仅破坏了生态环境，也对人们的健康造成了威胁。而根瘤菌恰好可以将植物最需要的氮元素固定在土壤中，从而代替作为最主要的化肥之一的氮肥。早在明朝初年，我国劳动人民就开始将大豆等豆科植物与其他庄稼轮作或混作。这种生产方式不仅可以促进粮食增产，还可以在一定程度上抑制病虫害，提高土壤的肥力。

　　除根瘤外，自然界中还普遍存在着一种土壤微生物与植物的互惠合作形式，那就是菌根（mycorrhiza）。菌根是土壤中的真菌与植物根系共生的产物。土壤中有许多真菌能够形成菌丝。菌丝是由单个或单列细胞形成的长丝状结构，可以吸收环境中的水分和营养。相较于植物的根，菌丝更加细长柔软，容易伸进土壤颗粒的缝隙中。而且菌丝生长速度快，与土壤接触面积大，与植物的根系共生可以大大增强植物吸收水分和矿质元素的能力，使植物可以在贫瘠的土壤中顽强存活。同时，真菌可以吸收土壤中的大分子有机物并将其降解成适合植物利用的小分子物质。据统计,超过95%的现生植物都在根部与真菌有着或多或少的联系,甚至有些植物离开了真菌就难以生存,比如兰花。兰科植物的种子细如烟尘,八千粒种子才是一粒芝麻的重量,里面没有萌发所必需的营养物质,仅凭自己无法生根发芽,必须借助真菌的力量。萌发初期,真菌将自己吸收的营养贡献出来,让种子顺利发芽长大。而兰花自打长出第一片绿叶,开始独立光合作用之后,就会把自己制造的营养供给根部共生的真菌,以报答昔日的"养育之恩"。也有些兰科植物一生都依靠真菌为其提供能量,比如天麻(*Gastrodia elata*)。天麻一生不长绿叶,它的营养来源就是在根部与其共生的蜜环菌。蜜环菌靠菌丝分解木材养活自己,而天麻则靠吞噬蜜环菌获得能量和营养物质。这样的共生关系实属罕见。

根瘤和菌根都是植物与微生物合作共赢的实例,也是大自然给我们的馈赠。借助现代科学技术深入研究并合理利用根瘤和菌根,不仅对农业生产大有裨益,也会让我们收获一个更加美好的生态环境。

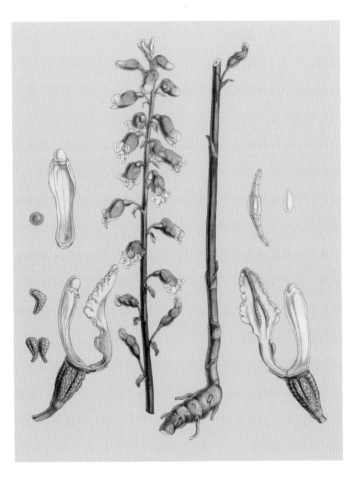

天麻（ *Gastrodia sesamoides* ）

跨界合作

　　传宗接代是生物生存的根本任务。只有能够顺利地繁衍后代，物种才能在地球上延续下去。植物们为了完成这个艰巨的任务可以说煞费苦心。经过长期的演化，一些聪明的植物找到了好办法：跨界合作。它们针对动物的各种行为演化出了很多有趣的机制，让动物们在享受美味的同时帮助自己顺利地繁殖后代。

　　植物开出的花要形成种子，最重要的步骤就是传播花粉。植物主要的传粉方式有风媒和虫媒两大类。风媒花靠风来传粉。它们的花小而简单，密密麻麻堆在一起，通过产生大量的花粉来保证最终传粉成功。而虫媒花依靠昆虫传粉。它们的花又大又鲜艳，还散发出阵阵花香，产生甜甜的花蜜。蜜蜂和蝴蝶等昆虫采集花蜜作为自己的食物，而因此蹭到它们身上的花粉也就被带着传播到了其他花上。还有些植物能够"就地取材"，利用所在环境中的其他动物完成传粉：生长在热带雨林中的大王花，在开花时散发出强烈的腐臭气味，吸引食腐的蝇类来帮助它传粉；万年青和海芋的花小而密集且很平整，雌雄蕊都裸露，蜗牛从上面爬过即可为它传粉；美国中部和南部生长的一些植物能开出大而艳丽的红色花，借助蜂鸟来传粉；而龙舌兰的花夜间开放，还能散发出果实的味道，主要吸引夜间活动的蝙蝠帮助它完成传粉。

　　然而植物利用动物传粉也有一定的潜在风险。植物无法控制动物的活动，动物不一定就能把花粉传给同一种植物的其他花。而如果一朵花的花粉不能传给同一种植物，植物就白白浪费了花蜜却没有实现传粉的目的。为了解决这一问题，榕树可以说用尽了办法。榕树是一大类具有隐头花序（hypanthodium）的树的统称。隐头花序就是让花都开在一个"大口袋"一样的花托里面，花托外面看上去光秃秃的，没有一丝开花的痕迹。我们常见的无花果（*Ficus carica*）就是榕树的一种。之所以将它称为"无花果"，就是因为它的花都开在花托"大口袋"里边，表面上看就好像没开花直接长出了果实一样。开在"大口袋"里的花怎么传粉呢？榕树花托的顶端有

无花果（*Ficus carica*）

一个很小的孔，那就是特意为传粉昆虫留的进出通道。给榕树传粉的昆虫是榕小蜂。这是一类专门为榕树传粉、非常小的蜂类。它们友好的协作关系是这样的：在雌雄同株的榕树上，隐头花序的"大口袋"里生长着三种小花——雄花、雌花和瘿花，其中瘿花是一类发育不良的雌花，没有育性，是专门为榕小蜂准备的。三种花并不是同时成熟，雄花发育得最晚。当"大口袋"里面的雌花发育基本完成而雄花还未成熟时，榕小蜂就通过小孔爬了进来。榕小蜂在"大口袋"里爬来爬去，寻找适合它产卵的瘿花，同时也把自己身上的花粉传到了瘿花旁边的雌花上。找到瘿花后榕小蜂产卵，卵孵化后靠吃瘿花长大，数周之后发育成熟，然后雌雄小蜂交配。此时花序中的雄花发育成熟。"怀孕"的雌蜂再携带着雄花的花粉飞出这个花序，去寻找另一个初开的隐头花序"大口袋"，开始新一轮的循环。仔细想想，好吃的无花果里可是有两代虫子的生命呢。不过现在商业化栽种的无花果已经不需要榕小蜂就可以形成果实了。但是这样的果实里面没有成熟的种子，不能种下去长成大树，只能靠扦插繁殖。

榕树与榕小蜂这一互惠互利的关系已经进化到了极为精密的程度，几乎一种榕树只靠一种特定种类的榕小蜂进行传粉。

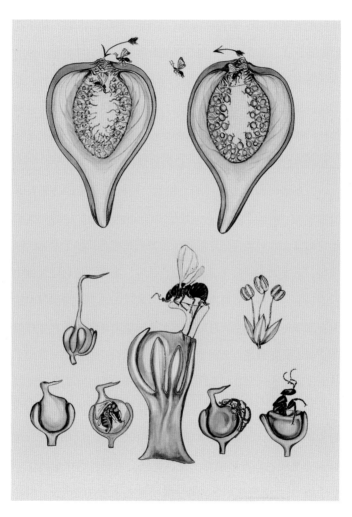

无花果的授粉过程

榕树的开花时间，通道的大小、深浅、形状，内部三种小花的排列方式，雄花成熟散播花粉的时间等，都与特定榕小蜂的身体情况和发育周期完美匹配。全世界的榕树有700多种，能形成这样的完美搭配多么神奇呀！在漫长的进化历史中，这种如此严格的专一性是如何形成的？推动这种进化的动力又是什么？解答这些问题需要更进一步的科学研究。

讲完榕树和榕小蜂"相亲相爱"的故事，我们再来看看植物中的"奸诈之徒"——兰科（Orchidaceae）中的一些植物。相信大家对兰科一定不陌生。我们在花卉市场上常见的蝴蝶兰，深受文人墨客喜爱的春兰、建兰、墨兰，还有可以做中药的白及、天麻、石斛等，都是兰科家族的成员。自然界中至少有25 000种野生的兰科植物，尤其在热带地区，各种各样的兰花叫人眼花缭乱。兰科植物因其奇特而精巧的花很早就成了植物学家研究的对象。英国科学家、进化论的创始人达尔文就曾出版过专著《兰科植物的受精》，详细描述了许多兰花奇巧的传粉机制。大多数兰花都有互惠互利的昆虫"小伙伴"，也都会为帮助它们传粉的昆虫提供花蜜。但是兰科中也出了一些"骗子"：它们想尽各种办法吸引昆虫来为它们传粉，但并不产生花蜜来回报。一些昆虫不能很好地区分，兴高采烈地飞过去却发现没有食物，只好再飞向另一朵花继续寻找花蜜。如果昆虫恰好又飞到了同种植物的花上，植物就在没有付出任何代价的情况下完成了传粉。研究者为这种现象起了个形象的名字：欺骗性传粉。兰科中将近三分之一的物种都能通过欺骗性传粉达到繁殖的目的。它们欺骗昆虫无所不用其极：有些花向昆虫提供假的食物信号（食源性欺骗）；有些植物模拟有花蜜的植物的形态（贝茨氏拟态）；有些花模拟昆虫的巢或产卵地（栖息地拟态和产卵地拟态）；还有的花甚至模拟雌虫吸引雄虫前来交配，从而达到为自己传粉的目的（性欺骗）。为了获得成功，这些兰科植物可以说将骗术运用得出神入化。食源性欺骗的种类大多在早春开花，花朵非常大而艳丽。这样既避开了开花的高峰期，又可以利用刚开始觅食的昆虫没什么经验这一点，轻易地将之吸引。而那些模拟有蜜植物的兰花在形态、花期、地理位置分布上都与被模拟的植物非常接近，令昆虫很难分辨真伪。那些模拟昆虫雌虫的兰花更神奇，它们甚至能够发出雌虫身上的气味，吸引很远地方的雄虫。甚至出现过许多只雄虫争先恐后来和兰花"雌虫"交配的场面。

费尽心力来骗昆虫，那传粉的效果怎么样呢？研究发现，无报酬的兰花的传粉成功率和结实率都显著低于有报酬的兰

某眉兰属植物的花拟态雌虫

花。因为只有同一只昆虫先后两次造访同一种欺骗性的花才能成功授粉。但是聪明的昆虫第一次被骗之后就会尽量避开同样类型的花，或在第一次受骗后迅速飞离这一区域。所以在这种欺骗性兰花分布较多的区域，为它们传粉的昆虫就比较少，导致繁殖成功率较低。但是昆虫这样的习性能使兰花实现更远距离的基因交流，有利于其后代的发展。而且兰科植物的种子极小，数量巨大，一旦有一朵花成功授粉，形成的种子就足够保证下一代的数量。这些植物"骗子"也因此才得以生生不息。

兰科植物可谓将环境适应力发挥到了极致，在自然界中原本是能很好地生存下去的。但是由于人类活动，兰科植物的原生地被破坏得十分严重。事实上，保护这些与昆虫形成高度依赖关系的兰科植物真的是困难重重。我们不仅要保护植物本身，更要对它们进行深入研究，了解它们的传粉机制，保护它们的传粉者。只有这样它们才能够顺利地繁殖，世世代代存续下去。

第五章

入乡随俗

植物是最忠诚的守卫者，一旦扎根便再不动摇。任凭风吹雨打，依然矗立坚守。然而很多时候，它们无法选择守护哪片土地，只能想尽办法适应周围的环境，利用自己的智慧来抗争。即便远走他乡，也无怨无悔。有趣的是，为了适应环境，植物自身不断发生着变化。而与此同时，自然环境也在被默默地改变着。正是这万千变化归于一体，才有了我们美丽的地球。

破土而出

    沉睡了一个冬天的种子在春天的号角声中纷纷醒来。伴随着气温的回升和春雨的滋润，被埋藏了许久的种子陆续从土里冒出嫩芽，在春日暖阳的照耀下蓬勃生长。不过幼苗"破土而出"这看似简单的过程，对于植物来说却没那么容易。上面薄薄的一层土，对种子来说却宛如千斤巨石一般压在头顶。究竟怎样才能保证脆弱的嫩芽在出土过程中不被伤害？种子在破土而出之后又要如何适应变化巨大的环境，而顺利存活下来呢？要了解这些秘密，我们先要认识一下这神奇的种子。

    种子（seed）是种子植物的繁殖体，对物种的延续起着十分重要的作用。不同植物的种子在大小、形状、颜色等方面差异很大，但其内部结构却大同小异，大致可以分为种皮、胚乳和胚三部分。种皮就像一件"铠甲"包裹着种子，起到一定的保护作用。胚乳则是种子的"仓库"，储藏着大量营养物质，为种子生根发芽提供能量保证。胚则如同植物的"宝宝"。虽然胚在种子中所占体积很小，但它却是一颗种子最为重要的部分。胚类似微缩版的小植物，具有胚根、胚轴、胚芽和子叶四部分。当种子遇到合适的条件准备萌发时，小小的胚就会吸收营养疯狂长大，最终撑破种皮冒出头来。胚根发育成植物的根，胚芽发育成茎和叶，而胚轴则负责将胚芽送出地面，并发育成根和茎相连接的部位。胚轴上还生长着植物临时的叶，称为子叶。在被子植物的种子中，子叶一般有1—2个。植物学家习惯将种子中只有一片子叶的植物称为单子叶植物（monocotyledons），而将种子中有两片子叶的植物称为双子叶植物（dicotyledons）。有些双子叶植物会将胚乳中贮存的营养吸收到子叶中，使胚乳的结构退化消失。比如我们常吃的花生。花生米外面的红皮是它的种皮，里边的两瓣花生仁是它的两片子叶，连接着两瓣花生仁的小尖尖就是胚芽、胚轴和胚根。它的两片子叶吸收了原本储存在胚乳中的营养物质，因此体积很大，而胚乳的结构就消失了。这一类种子就只由种皮和胚组成。

　　种子成熟之后会被以各种方式散播到远方，等待合适的时

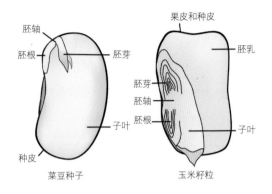

双子叶植物（菜豆）与单子叶植物（玉米）种子结构示意图

机萌发。萌发后胚根首先突破种皮，钻到土壤中吸收水分和无机盐。接下来胚轴快速伸长，将胚芽顶到地面以上接受阳光。但是种子中储藏的能量是有限的，脆弱的胚芽也禁不住挤压和摩擦。植物究竟是如何高效利用这些能量让胚芽快速并安全地出土的呢？这里边可大有学问。

　　土壤中和地面以上的环境大不相同。对于植物来说，二者最主要的区别在于光和机械压力。当植物感受到周围是黑暗的并且有比较大的机械压力时，植物便认为自己是在土壤中。为了保护土壤中娇嫩的胚芽不受机械压力伤害，单子叶植物和双子叶植物采取了不同的办法。单子叶植物在胚芽外侧长出了一个"保护套",即胚芽鞘。胚芽鞘可以抵抗土壤颗粒对胚芽的摩擦。胚芽顺利出土之后,新生的叶会很快撑破胚芽鞘,尽情舒展在阳光之下。而双子叶植物的办法更妙:它们的胚轴在土壤中形成了一个"弯钩"。胚轴的"弯钩"使得胚芽朝向下方,这样幼苗在向上生长过程中受压力最大的部位就成了位于最顶端的胚轴组织,娇嫩的胚芽得到了保护。在幼苗顺利出土之后,胚轴部分的弯钩会很快伸直,使胚芽朝向正上方,让胚芽得以继续向上长出叶子。有些双子叶植物在萌发的时候会将两片子叶和胚芽一起送出地面。这样,不用等到胚芽长出大叶子,两片子叶在出土后就可以迅速打开并变绿,开始光合作用制造养料。只有在幼苗长出绿叶或子叶变绿开始光合作用之后,植物才有了稳定的能量来源。如果在此之前种子中储存的能量被耗尽,那么幼苗就会因为缺少能量而无法存活。

幼苗从土里钻出的那一瞬,周围的环境对它而言发生了巨大的变化:土壤带来的机械压力消失,光则瞬间变强。植物感知到这些变化后会迅速调整自己的状态,由一味向上生长追求高度转变为在宽度上延伸。这个看似简单的转变涉及植物体内多方面的协调与配合。据统计,植物体内超过四分之一的基因表达在出土后发生了明显的变化。调控这些基因的"管家"主要有两类：一类负责传达光信号，另一类负责传达机械压力信号。这两类"管家"通过调节相关基因的表达来实现幼苗出土后生长状态的改变。接下来我们以双子叶植物的胚轴"弯钩"打开和子叶变绿为例，看看这些"管家"在植物体内是如何工作的。

负责传达光信号的"管家"在黑暗中起作用。它们的存在让植物努力向上生长，同时让子叶保持黄色不变绿。而负责传达机械压力信号的"管家"则在外界存在机械压力时，让幼苗长得又短又粗，同时让胚轴顶端保持弯钩的形态。幼苗尚未出土时，环境中没有光却有机械压力。于是这两类"管家"都在发挥着作用，让植物的胚轴在努力向上生长的同时保持了一定的强度，幼苗的顶端既有弯钩的形态又保持着黄色的子叶。幼苗在破土而出的瞬间进入了有光的环境，但土壤表面的枯枝和石块仍然对幼苗施加着机械压力。这时幼苗体内的"光管家"失去了作用，因此子叶可以由黄变绿；"压力管家"仍然在发挥作用，所以幼苗顶端仍然保持着弯钩的形态。这样植物既可以尽早开始光合作用制造能量，又可以避免机械压力伤害到胚芽。直到幼苗终于顶开了头上的重重阻碍，体内的"压力管家"也就失去作用了。这时幼苗头顶的"弯钩"打开，茎恢复竖直，植物完全沐浴在阳光中，开始苗壮成长。这样的机制能够保证幼苗在出土过程中迅速调节生长状态来适应环境变化，同时保护顶端幼嫩的胚芽不受机械伤害，从而在能量有限的情况下保证了幼苗最大的存活率。

　　这两类神通广大的"管家"已经不是第一次和我们见面了。还记得我们之前在《突出重围》里提到的让植物在遮阴条件下改变生长状态的"油门因子"和"刹车因子"吗？这些因子中有许多就是调控幼苗出土过程的"光管家"。而《果子熟了》中因煤气灯释放的乙烯而长成"矮胖墩"的豌豆苗，是不

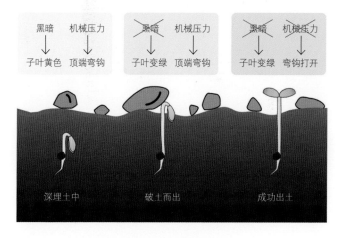

种子出土过程示意图

是和土里受到机械压力的幼苗有几分相似？机械压力确实能让幼苗体内产生乙烯气体。乙烯让幼苗长成又矮又粗、顶端还带有"弯钩"的样子，就是为了增加其抗压能力，保护胚芽并使胚轴粗壮坚硬，从而顺利顶开上方的土壤。而那些"压力管家"也正是植物在乙烯信号通路上的关键因子。植物通过整合体内的各种信号调节自身生长，在不同的生长阶段克服不同的困难。这看似无声无息的植物，拥有的智慧委实不可小视！

漂洋过海

　　沙滩、椰林、蓝天、白浪，是热带风情的标志。高大的椰树，坚定又悠闲地站在路旁望着大海。而大自然的奇妙与震撼恰恰在于，人类即便与之遇见也未必认得，更不知道它的秘密。例如，你手里的那颗椰子。

　　你知道椰树的种子在哪里吗？没错，就是你手里捧着的大椰子。能结出这种大椰子的椰树（*Cocos nucifera*）长在热带、亚热带的滨海沙滩上，在我国主要分布在广东南部、海南、台湾等地。为什么椰树的果实如此巨大呢？原来，这长在陆地的椰树有一颗纵横四海的心。这巨大的椰子要借助层层海浪到达遥远的彼岸，在大洋的另一端生根发芽，茁壮成长。

　　航海是勇士的冒险。数月的海上航行，椰子是如何存活下来的呢？首先，椰子外部有着厚厚的纤维质果皮。这层果皮坚

椰树（*Cocos nucifera*）

硬又防水，像是强大的铠甲，抵御着漫漫征途上的风吹雨打。其次，椰子中有着充足的营养，就是我们最喜欢的"椰汁"和"椰肉"。清凉的椰汁有着充足的水分和微量元素，是种子的液体胚乳，而雪白的椰肉中含有大量脂肪、蛋白质等营养物质，是种子的固体胚乳。椰子内部那比瓜子还小的胚，就喝着椰汁，吃着椰肉，在树上茁壮地成长。随着果实的成熟，幼小的胚会吸收掉大部分椰汁，使椰子内部形成一个空腔。这时椰子的果实才会从树上掉落，扎进茫茫大海。硬壳中的空气使它可以轻易地浮在海面上，任凭风吹浪打依旧安然无恙。当长达数月的航海征程结束种子完美登陆的那一天，胚已经长大，填充在圆圆的椰子内部。登陆后胚根和胚芽从椰子顶端一个较为脆弱的部分钻出来，在一片新的土地上扎根生长，揭开生命的新篇章。

　　椰子利用海洋传播种子的独特方式令我们大开眼界，但并不是所有生活在海边的椰子树都是依靠海洋来传播种子的，比如与椰树同属于棕榈科的巨籽棕（*Lodoicea maldivica*，又称海椰子）。它有着全世界最大的种子，而它本身，可以说是传奇中的传奇。

　　海椰子一度是神话般的植物。早在公元6世纪，航海家们在阿拉伯、非洲、印度之间穿梭贸易时，偶尔会在航行途中遇到一种巨大的果实。当时没人知道这些巨大的果实从哪里来，又要到哪里去。有人认为这是海神赐给人类的礼物。也有人说这果实来自长在海底的神树，会给发现它的航海人带来好运。甚至有人觉得它是当初亚当偷吃的"禁果"，追随它就可以找到美丽的伊甸园。直到1768年法国探险家迪弗雷纳（Dufresne）在探险岛屿时发现了一片结着果的棕榈树，才证实了这种巨大果实的身份：它并不是长在海里的神树结的果实，而是一种生长在陆地上的棕榈的种子。

为什么这种果实会被说成是亚当偷吃的"禁果"呢？这与它的外形密切相关。"禁果"之意众所周知，其中蕴含着人类最原始的生殖崇拜。生殖崇拜是人类一种基础欲望的映射，同时也反映着人类繁衍生息的种族生存本能。而海椰子恰恰能激发起人类对此的想象。海椰子是雌雄异株的植物，每一棵树只能开雄花与雌花中的一种。雌树结出的大海椰除去坚硬的果皮之后，露出的种子不是圆圆的球形，却像是两颗椭圆的半球拼在一起，中间还有一道沟。因为外形很像女性的臀部，所以也有人称它"臀形椰子"。海椰子的雄花序则是长长的棒状，长度可达1米多，上面开着许多黄花。其粗壮挺直的棒状花序，

海椰子的种子与雄花

看上去很像男性生殖器。这样的形象让人止不住浮想联翩。直到现在，海椰子的雄花序和种子的图案还会出现在其产地的一些公共场所，用来代表男女性别。

　　海椰子种子内部的胚乳在早期呈胶质状态，成熟后变得非常坚硬。大量的胚乳使得海椰子的种子密度很大，投入水中就会沉底，无法靠海洋传播。巨大的种子也不可能靠动物或者风传播。海椰子巨大的种子究竟隐藏着什么奥秘呢？我们还要从种子的意义说起。

　　种子里储存的能量是供幼苗萌发和生长使用的。种子里的能量耗尽后，幼苗便要依靠自己吸收养分、制造能量。但是刚刚萌发的幼苗根系很浅，吸收到的土壤养分相对较少；而它还面临着其他植物的层层遮挡，缺乏足够的光照。如果幼苗自己不能制造足够的营养，而种子里的能量又已耗尽的话，刚刚破土而出的小苗很快就会死掉。而海椰子巨大的种子则为幼苗生长提供了足够多的营养，即使在竞争压力很大、养分贫瘠的土地上，刚刚萌发的幼苗也能利用种子里储存的能量茁壮生长。海椰子幼苗长出的第一片叶可长达数米，像巨大的蒲扇，是植物界最大的萌发初生叶。几年之后小树的叶子就可以高达10米以上，力压周围的其他植物。这样充足的营养供给使得幼苗可以争取到更多的阳光雨露，在早期奠定自己的竞争优势，从而保证以后顺利生长。

不过大种子也会带来新的问题：果实长得越大，掉落下来离母树也就越近。幼苗要想顺利发展，待在自己母亲身边并不是个好选择。因为这样不仅自己要生活在母亲的"阴影"之下，难以获取足够的阳光，而且还要与自己的同胞竞争土壤中有限的养分。海椰子解决这一问题的方法可以说"简单粗暴"：既然难以改变种子的位置，那就改变幼苗的位置。海椰子属于单子叶植物。它子叶的一部分特化成了一条"脐带"，一端连着胚乳，另一端连着发育中的胚芽、胚轴、胚根。这条子叶特化成的"脐带"长度可达10米，可为幼苗输送胚乳的营养长达4年之久。有了这种特殊的机制，海椰子那不利于传播的大种子反而成了保证后代成功存活的"营养仓库"。这种独特的繁衍机制充分解决了储存营养和传播种子之间的矛盾。

野生的海椰子几乎只分布在塞舌尔群岛，现在仅存4000株左右。有些种子萌发后残存的椰壳会顺着海洋飘到马尔代夫，成为众人争抢的宝贝。正因为海椰子如此珍贵与特别，塞舌尔共和国将它视为国宝。如果你去这个美丽的海岛度假，护照就会被盖上一枚"臀形椰子"印章。英国凯特王妃和威廉王子在那里度蜜月时，塞舌尔共和国还献上了一个重约30千克的大海椰作为新婚礼物，祝福他们幸福美满、多子多孙。

从漂洋过海的椰子到最大的种子——海椰子，椰子的故事还有很多很多。或许有一天，你在松软的沙滩漫步，会遇到不远万里登陆上岸的大椰子。又或许，我们越山跨海，只为前往那群美丽的海岛，寻访那里的传奇植物。

沙漠斗士

　　"大漠沙如雪，燕山月似钩。"沙漠可以说是地球上最为恶劣的自然环境之一。那里干燥炎热，黄沙漫天，极端缺水的环境使得大部分生物都望而却步。但植物中仍然有一群"沙漠斗士"，顽强地生长在这样极端的环境中，在漫漫黄沙之间演绎着生命的故事。

　　提到沙漠植物，大家首先想到的一定是仙人掌了。仙人掌科的植物有着肉肉的"大肚子"和坚硬的锐刺，这样既能存住珍贵的水分，又对自己起到了保护作用。而在仙人掌的世界中最耀眼的明珠当数量天尺（*Hylocereus undatus*），它被称为"星夜皇后"（Queen of the Night）。

　　量天尺皇家气场十足，外表与其他仙人掌不同。它不像一根笨重的柱子，而像长在沙漠里的大灌木丛。量天尺能长到十多米高，每根垂下的枝条都是粗粗厚厚的肉质状，带着分明的棱角，呈绿色而充满汁水。在量天尺的老家墨西哥，每一年的夏天，这位皇后都有一个惊艳世界的神奇之夜。

就在夏天最漂亮的满月时分，量天尺会开放出洁白无瑕的皇后之花，宛若白莲，大气、端庄、安静、优雅。花瓣四周呈放射状围着黄绿色的鳞片，淡黄色的花蕊在中央被簇拥着。璀璨的星光和皎洁的月光照耀在最纯净的白色花瓣之上，浓郁扑鼻的芳香氤氲开来。寂静的大漠之夜，量天尺就这样惊艳了世界。然而，每年只有一天，每次也只有一夜。黎明时分太阳还没从天边探出头来，量天尺的花就迅速关闭、萎蔫，似乎一切都没有发生过。不久之后，翠绿的量天尺就会结出一个个鲜红的球状果实。这种果实你一定很熟悉，就是我们常吃的火龙果。

是什么造就了这个梦幻的夜晚呢？沙漠求生最重要的便是抓住时机。在沙漠，夏日的白天如火炉一样，动辄五六十摄氏度的高温让沙漠里的一切生物几乎都处于屏息和休眠状态。只有到了夜晚，气温下降，沙漠才开始有了生机。整个春夏，总会有大大小小的仙人掌在夜晚陆陆续续地开花。夜晚的气温可以保护花朵不被灼伤，芬芳的香气又吸引了授粉的昆虫，当然也吸引了沙漠仙人掌最重要的农夫之一——夜行动物蝙蝠。

量天尺（*Hylocereus undatus*）的花与果

　　在墨西哥，每年数以万计的蝙蝠妈妈要穿越沙漠诞下幼崽。仙人掌开花的日子，正是这些大肚子妈妈们迁徙的日子。它们寻着仙人掌的踪迹，夜晚吃着蜜，一路传着粉，飞越茫茫沙海。待到这群妈妈成功分娩，带着已经学会飞翔的孩子再次穿越沙漠飞向故乡，又刚刚好，当初被授粉的仙人掌的果实成熟了。于是在返乡的旅程中，蝙蝠们就一路吃着水嫩香甜的果子补充体力。果实中的种子也随着它们的迁徙被沿途播撒，还被蝙蝠附赠了丰盛的"肥料"。一年又一年，这条以仙人掌为灯塔的沙漠航线演绎着生生不息。

　　仙人掌科的植物大多原产于美洲，亚洲和非洲的沙漠里可找不到它们的身影。但是在这些地方依然有许多顽强的沙漠斗士。和美洲沙漠中仙人掌的"多肉、可爱、萌"不同，我国的沙生植物大多有着坚硬的枝干和小而厚的叶片。它们其貌不扬，却是真正驻扎在防风固沙第一线的"铁血战士"。我们先来认识一种在我国沙漠中分布最广的固沙卫士：梭梭（*Haloxylon ammodendron*）。

　　梭梭是一种落叶小灌木。为了抵御干旱，它的叶退化成了鳞片状，仅依靠绿色的枝进行光合作用。它的地上部分只有2—5米高，而地下的根却水平绵延30—40米，深近10米。这样发达的根系可以保证它吸收足够的水分供自己生长，在极度缺水的荒漠中形成一片"森林"。梭梭的嫩枝是骆驼的可口食物，也是沙区优质的绿肥和畜草。而老枝和根则在风沙的不断打磨下呈现出千姿百态的造型，是根雕艺术品的优质原料。

　　经常与梭梭生长在一起的一种植物是红柳（*Tamarix ramosissima*）。红柳也是一种小灌木。它的分枝密集，枝条柔弱纤细却十分坚韧，看上去与柳树确有几分相似。每年5—9月，它会在小枝顶端密密麻麻地开出无数粉红色的小花，远远望去一团团红色和绿色交错排列，在黄沙的映衬下显得格外美丽。

红柳（*Tamarix chinensis*）的叶与花

但红柳可不娇贵，它自有一套在流沙中生存的本领。红柳的小苗在生长到10厘米高的时候就已经有了非常牢固的根系，而一棵大的红柳树的根抓住的沙子可以堆起十几米高的沙包。更加厉害的是，红柳还可以生长在盐碱化的沙地中。由于生命力顽强且固沙效果好，红柳同梭梭一道成为人们改造荒漠，尤其是改造盐碱化荒漠的重要树种。

其实，沙漠并非不毛之地，那里不仅有好看的花，还有好吃的果子。二色补血草（*Limonium bicolor*）就是一种非常美的植物，它会开出"永不凋谢的花"。这是为什么呢？原来二色补血草的花周围的萼片水分含量极少，就像纸做的一样，并不会因为脱水而萎蔫。因此，即使它的花完全枯萎，这些颜色鲜艳的萼片也依然保持着刚开放时的状态，作为干花可供欣赏数年之久。沙漠中也有能结出甘甜果实的植物，比如沙棘（*Hippophae rhamnoides*）。在没有结果的时候，沙棘看上去非常普通，还有些"不友好"：灰白色的小叶子之间夹着长长的硬刺，让人和动物望而却步。但是，当一粒粒如珍珠般饱满的橙黄色小果子挂满枝头时，沙棘瞬间变得金黄灿亮，让人垂涎欲滴。沙棘的果实营养十分丰富，其中的维生素C含量比猕猴桃还高2—3倍。而它果实中所含的一些黄酮类物质还可以降血

沙棘（*Hippophae rhamnoides*）

脂，提高心血管系统的机能。

最后再带大家认识一种奇特的植物：有"沙漠人参"之称的肉苁蓉（*Cistanche deserticola*）。肉苁蓉是一种寄生植物，无叶无根，全靠从寄主梭梭那里吸收养料生长。它一生中有3—5年都隐藏在地下，真正破土而出、开花结果的时间只有1个月左右。从外观上看，肉苁蓉就像是一根从土里钻出来的大花柱子。它的高度有1米左右，浑身灰白色，开着一串淡紫色或淡黄色的花。肉苁蓉自古以来就是我国新疆沙漠地区特有的名贵药材。也正是因为奇特和珍贵，野外盗掘现象十分严重。过分的采挖不仅使得野生资源急剧下降，更导致生态环境的恶化。近年来我国森林公安加大了对非法采挖的打击力度，而且科学家们也攻克了肉苁蓉人工种植的技术难关。相信在不久的将来，肉苁蓉作为药物会得到更好的推广，它的野外生存环境也会变得越来越好。

沙漠和森林、湿地一样，是地球上天然存在的一个生态系统，有着自己独特的魅力。不少人喜欢沙漠探险，不仅是因为可以挑战自己的极限，更是因为在沙漠这样的极端环境下仍然还能看到各种生机勃勃、顽强生长的植物。它们在荒漠里诠释着生命的意义：永不屈服，永不放弃。

肉苁蓉（*Cistanche phelypaea*）

弄潮高手

　　海边那一望无际的沙滩带给人们无尽的乐趣。我们经常在沙滩上看到五颜六色的贝壳、生龙活虎的小螃蟹、打洞穴居的沙蚕等动物，却很少在沙滩上看到自然生长的植物。的确，以沙滩为代表的海陆交界处潮间带环境是很不利于植物生存的。潮间带的土壤中不仅含有非常高的盐分，而且在海水长期的冲刷浸泡下，土壤的结构非常致密，内部严重缺氧，非常不利于植物根的生长。更重要的是，海浪每时每刻都在不断地拍打，潮水也会在一天中涨落两次，一般植物的种子就算经历千辛万苦漂到海岸上，还没等扎下根就又被海水冲走了。不过聪明的植物们并没有放弃在这里生长的机会。在热带和亚热带的潮间带上，有一群"弄潮高手"植物用自己的勇气和智慧征服了本来并不适宜生长的环境，让不毛之地长出了茂盛的树林。

这个在潮间带上长成的"海上森林"就是大名鼎鼎的红树林（mangrove）。

红树林可不是一片红色的树林，它指的是以红树为主体的潮滩湿地生物群落。"红树"其实是一大类植物的统称。它们中的大多数都是常绿的灌木或者小乔木，分属约20个科属。红树林中的许多植物都有着奇特而好听的名字，包括红树科的秋茄（*Kandelia candel*）、角果木（*Ceriops tagal*），马鞭草科的白骨壤（*Avicennia* marina），玉蕊科的玉蕊（*Barringtonia racemosa*），梧桐科的银叶树（*Heritiera littoralis*），夹竹桃科的海檬果（*Cerbera manghas*），等。有些红树能开出红色的花，用刀划开树皮后能看到红色的汁液，裸露的木材也呈现红色。据说红树科木榄（*Bruguiera gymnorrhiza*）的树皮曾被马来人用于提取制作红色染料。正因如此，红树林便有了这样一个鲜艳的名字。现代科学研究证实，树皮的切口处变红这一现象是其富含的单宁酸（一种酚类，也存在于葡萄酒及红茶中）接触空气后被氧化的结果。

红树林有着非常奇特的外形。涨潮时，它是名副其实的"海上森林"。树木的根系和大部分树干都完全淹没在水中，仅能看到海水浸漫着一片碧绿。只有等到落潮时我们才能见到树

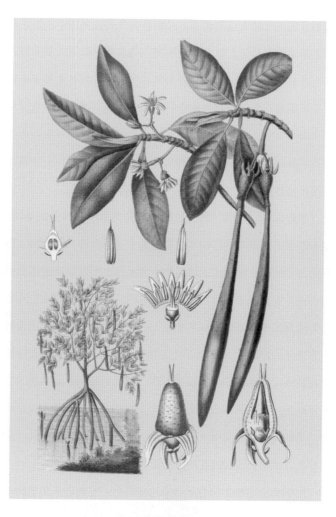

某红树属植物

木粗壮的主干和发达的根系。红树林的分布大致集中在热带和亚热带的海岸线附近，分布于印度－马来半岛和澳大利亚附近的红树林面积最大，种类也最丰富。我国的红树林主要集中分布于海南及北部湾海岸。由于我国纬度较高，加上近半个世纪以来填海造陆、养殖等工程导致的人为破坏，我国红树林的面积在不断减小，其植物数量和丰富度也在不断降低。有些植物甚至已经严重濒危，现存不足10棵，随时面临灭绝。

之前说过，潮间带对于植物来说是非常不利的生长环境。这里在涨潮和退潮的影响下周期性地遭受高盐海水的冲刷，植物的种子很难扎根固定。红树林中的植物之所以能在这样恶劣的环境下生存下来，靠的是它们独有的、高度适应潮间带环境的繁殖方式——胎生。顾名思义，就是像哺乳动物的妈妈直接生下孩子一样在"大红树"上直接长出"小红树"。与直接通过扦插等无性繁殖产生的后代不同，红树的胎生苗是植物正常开花结果，待其果实成熟后，种子直接在果实内发芽生长形成的。当幼苗的个头足够大时，它们就会脱离母树独立生活，或直接扎入泥土，或暂时在海里随波逐流。

红树植物的胎生分为显胎生和隐胎生。显胎生红树植物的种子萌发后会突破果皮，在果实外形成尖端朝下悬挂的胎生

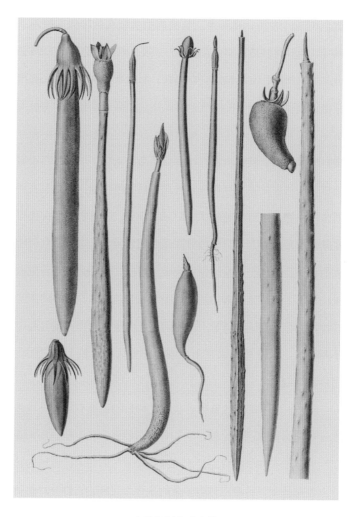

各种红树的胎生苗

苗，长度可达20—40厘米。长大的胎生苗在从母体上脱落下来时，能够直接借助重力加速度一头扎入滩涂。落地后幼苗会迅速生出侧根，支撑自己直立起来。而如果下落时没能扎进滩涂中，胎生苗内饱含的空气也可以让它们浮在水面上，在被海水冲上岸后迅速扎根生长。最典型的显胎生植物主要集中在红树科的木榄属、秋茄树属、红树属和角果木属。虽然这四个属的植物在纬度分布上存在一定差异，但都因为专一地生长在潮间带而被称为真红树植物（true mangrove）。它们已经丧失了在陆地繁殖的能力，只能依靠海洋生长繁殖。而隐胎生红树植物的种子在母体上萌发时仅仅突破了种皮，并不会进一步突破果皮，看上去树上挂着的还是一个个完整的果实。这样的果实在掉落后可在海上漂浮数月，而萌发的种子就在漂浮的过程中不断长大，最终撑破果皮形成成熟繁殖体，定植于滩涂泥土之中。

除了以胎生的方式繁衍后代，红树植物还拥有许多特殊的本领可以保护自己。比如，它们有冒出地面的气生根，用来满足红树根部在通气不良的淤泥滩涂中对氧气的需求。红树的叶片上生有盐腺，可排出体内多余的盐分。此外，它们叶片的角质层很厚，可有效储水、抗病和防紫外线灼伤。红树植物的树皮和叶片中富含的单宁类物质，具有抗真菌及虫害的作用。红树林里的植物们正是因为具备了这些独特的本领，才能够征服潮间带这样恶劣的环境。它们是植物中的"弄潮高手"，千万年来一直在潮起潮落间快乐地生长和繁衍。

红树林景观

橘生淮南

　　"橘生淮南则为橘，生于淮北则为枳，叶徒相似，其实味不同。所以然者何？水土异也。"这几句话出自《晏子春秋》。在晏子的描述中，橘本来生长在淮南，将它移栽到淮北后，结出来的便不再是橘，而是枳。枳与橘只是叶子很相似，味道却大为不同。晏子想借这句话说明环境对人的重要性。时至今日，这句话还经常被我们提起。可是，橘真的可以因为生长环境不同了就变为枳吗？相信不少人都对此表示怀疑。

　　在晏子的描述中，橘和枳的味道大为不同。橘吃起来酸甜可口，枳则滋味苦涩。这是不争的事实。从现代植物学理论上讲，它们根本就是两种不同的植物！枳（*Poncirus trifoliata*）属于芸香科枳属，橘（*Citrus reticulata*）属于芸香科柑橘属，它们虽然有一定的亲缘关系，但并不是同一个物种，不会因为

橘（*Citrus reticulata*）

生活环境不同而相互转变。

橘是植物中的"千金小姐",对生长环境中的阳光、温度、水分等诸多因素都有较高的要求。尤其是温度,可以说是橘树分布的最大影响因素。橘产区的年平均温度要在13 ℃以上。温度过低时橘树会被冻死,因此橘主要分布在阳光和热量都相对充足的长江以南地区。而比起娇贵的橘,枳可以说十分接地气了。它虽喜爱温暖,却也耐得住严寒。只要冬季温度在−25 ℃以上它就能安全越冬,因此枳在我国大部分地区都有分布。

橘和枳除了在地理分布上有所不同外,外观上也大不相同。枳相对矮小,到了冬天会枯萎落叶,只剩下光秃秃的枝干。而橘则相对高大,冬季仍身披绿甲,神采奕奕。凑近一看便又会发现,枳的枝条上布满了粗壮的硬刺。而从叶型上看,枳也没有橘家族最典型的单身复叶(unifoliate compound leaf)。只要用心观察,橘与枳这两种植物还是很容易区分的。

橘和枳不是同一物种,橘即使种植在淮北也不会变成枳,那么古人为什么会产生"南橘北枳"的误解呢?原来早在春秋战国时期,人们已经开始利用嫁接技术来改善植物的各种性状。嫁接技术,就是将一种植物的枝条接在另一种与其亲缘关系较近的植物的枝干上。嫁接后的"复合植物"可以结合两种

枳（*Poncirus trifoliata*）

植物的优点，在增强抵抗力的同时也能提高果实产量。以橘和枳为例，嫁接过程以枳为砧木（主干部分）、橘为接穗（嫁接到主干上的枝条），春天将其嫁接之后在淮北地区培育。嫁接后枳的根系会让橘的枝条的耐寒和耐旱能力有所提高，当年秋天就可以在北方结出可口的橘子。

可是，娇嫩的橘枝条还是不能承受北方的寒冬，越冬时很容易被冻死。等到第二年春天，枳的根系会再次萌发出枳的枝条，再到秋天结出来的就是枳了。于是古人便产生了"橘生淮南则为橘，生于淮北则为枳"的认识。目前，这种说法已为大多数人所接受。在农业技术高度发达的今天，枳已经成为应用最广、效率最高的橘砧木。枳的根系发达，生命力强，加之和橘有比较近的亲缘关系，可以很好地和橘形成优势互补，使橘树的抗寒抗旱能力和果实品质都有所提高。

虽然"南橘北枳"这个典故依旧存在争议，但其中却蕴含了植物适应环境的道理。环境中的温度、水分、光照等是植物生存的基本条件，不同植物对它们的需求也不同。每种植物在长期适应当地环境的过程中都形成了自己独特的习性，而环境的差异也是不同区域植物种类不同的主要原因。我们在农业生产上要因地制宜，根据不同地区的环境特点选择合适的农作物，让植物能充分利用当地的环境条件健康生长。

现实往往不能尽如人愿。就像人们初到一个陌生的环境会不适应一样，植物有时候也不得不面临水土不服的困境。下面我们以高海拔地区栽培水稻（*Oryza sativa*）为例，看看植物离开家乡后会发生怎样的变化。

海拔改变造成了温度、水分、日照长度及光照强度几个方面的变化。从温度这一方面来说，海拔每升高100米，气温下降约0.56 ℃。而维持水稻正常生长一季的年积温（一年中日平均气温累积之和）为2000—3700 ℃，同时还要求有效积温（植物生育期内高出植物生长所需下限温度、对植物生长发育起有效作用的温度之和）的时间维持在110—200天。为了适应高海拔地区较低的温度，水稻就通过延长生育期来保证获得生长所需的积温。此外，水稻还可以通过调节体内的激素（如脱落酸）及一些化学物质（如香豆素），来降低低温对自身的伤害。

水稻又是如何适应光照变化的呢？光照不仅为植物的光合作用提供能量，同时也是植物许多生长发育过程的调节信号。海拔较高的地区大气稀薄，紫外线（短波光）容易透过，过强的短波光降低了水稻体内的赤霉素和生长素的含量，进而抑制了细胞伸长，所以高海拔地区种植的水稻普遍比较矮小。

最后我们来看一下水分。水稻比其他任何一种农作物需水都要多，环境中水分的重要性不言而喻。随着海拔升高，降水的频率和总量都会增加。除了降水，随海拔改变的水分条件还有大气湿度和土壤含水量。高海拔地区常被薄雾笼罩，空气湿度较大，但偏低的土壤温度使得植物根系对土壤中水分的利用效率大大降低，不利于植物的生长。在这样的情况下，水稻中的超氧化物歧化酶（SOD）、过氧化氢酶（CAT）等酶的活性会增加，帮助它适应低温高湿的环境。同时，水稻还会通过调节自身生理环境（如增加体液浓度、叶片卷缩、主动关闭气孔等）来抵抗水分胁迫。

植物的生长与温度、水分、光照等环境因子息息相关，而植物自身对环境也有一定的适应能力。无论是"橘生淮南"，还是水稻生于高山，究其根本都是植物改变自己适应自然环境的例子。要想丰收高产，我们就要因地制宜，顺应作物自身的生长需要。在没有合适的自然条件时，我们就要想办法利用发达的现代农业技术去创造条件，满足植物对环境的需求，从而促进植物健康生长。

长城内外

　　长城是人类历史上最不可思议的伟大工程之一。长城为农耕文明提供了最坚实的安全保障，更带给悲天悯人的诗人、作家无尽的文思。长城对于中华民族的重要性不言而喻。除了抵抗外族入侵中华的基本作用之外，长城更是作为文化的符号，在每个中国人心中都留下了不可磨灭的烙印，在历经千年风霜之后仍让无数人为之神往。可是长城这道墙不仅阻断了游牧民族入侵中华的野心，也阻断了生长于两侧的植物之间的"交流"。在静静矗立了千年之后，长城对周围的植物又产生了怎样的影响呢？

　　很早以前人们就已注意到天堑的阻隔对物种演化的推动作用。19世纪30年代，达尔文在远洋考察航行期间通过对加拉帕哥斯群岛（Islas Galapagos）不同岛屿上13种地雀的细致观察，发现亲缘关系较近的物种在形态特征上有连续的渐变。达尔文推测这种渐变可能与食物来源有关，是同一种鸟适应不同岛屿环境的结果。他经过近30年的思考与积淀，于1854年发表了具有划时代意义的不朽著作《物种起源》。达尔文在这本书中为我们揭示了生物演化机制的核心——自然选择。生物为了在资源有限的环境中生存下去，一生都在进行着顽强的生存斗争。只有能够适应环境的个体才能将优秀的基因传递给下一代，而不能适应环境的个体则会走向消亡。经过千百万年的自然选择，世界逐渐形成了现在的物种格局。在物种形成的过程中，地理隔离具有重要的影响。当同一种群的生物因为自然或人为的因素被隔断时，种群个体间的相互交流就会受到制约。同种生物的不同群体之间长时间不能相互沟通，遗传物质的微小变异就会在小群体内部独立地积累。不同的小群体之间遗传物质的差异随着时间的流逝而增大。二者在基因上的差异变得越来越大，越来越稳定。这两个小群体也逐渐形同陌路，变成两个亚种甚至两个物种。阻碍群体间交流的可以是自然存在的大江大河、高山天堑，也可以是人为的栅栏和高墙。青藏高原的隆起使得山上的暗绿柳莺（*Phylloscopus trochiloides*）无法与平原上的群体交配，逐渐分化成了不同的亚种。而原始人世世代代的圈养则使一群野生的狼逐渐变成了现在的狗。长城存在的时间对于人类来说无疑是悠久的，但对于物种演化这种渐变式的自然事件来说，其长度是否足以积累起差异呢？

　　为了解答这一问题，北京大学顾红雅教授的团队以居庸关长城两侧的植物为研究对象，检测其遗传物质的差异。我国长城的总长度超过2万千米，为什么单单选择了居庸关长城呢？因为居庸关长城修建于600多年前，形制保存完好，周边植被资源丰富。两侧的植物"隔离"时间较长，研究样本易于采集。经过详细的实地探查，他们一共选择了三处地方作为采集样本的实验区域。其中两处分别为南北和东西走向长城的两侧，另外一处为长城附近的行道的两侧区域，用以验证之前两处的实验结果的准确性。研究人员从众多植物中选取了榆（*Ulmus pumila*）、大果榆（*Ulmus macrocarpa*）、杏（*Prunus armeniaca*）、酸枣（*Ziziphus jujuba*）、荆条（*Vitex negundo*）、狗娃花（*Aster hispidus*）和丛生隐子草（*Cleistogenes caespitosa*）几种植物作为不同科属及花粉传播方式的代表。他们从长城两侧分别采集实验样本，在实验室中提取遗传物质并进行了比对分析。

　　研究结果表明，长城两侧的植物虽然在种类和比例方面没

狗娃花（*Aster adulterinus*）

有明显差异，但长城两侧的同一种植物在遗传物质的层面上却有明显差异。不同植物在传粉方式与繁殖特性上有所不同，长城对它们的影响也不尽相同。狗娃花、荆条、酸枣、杏这些植物都需要昆虫传粉。昆虫的迁移能力有限，面对长城的高墙只能"望墙兴叹"。因此长城两侧的这些植物也就无法进行遗传物质上的交流，日积月累，两侧的植物在遗传层面上表现出了明显的差异。而榆树依靠风力传播花粉。长城虽然可以阻断生物的迁移，却阻止不了风，因此分布在长城两侧的榆树遗传差异较小。丛生隐子草则更为特殊，它既可以依靠风传粉进行有性生殖，也可以通过无性生殖形成一丛遗传物质相同的小群体。无性繁殖的小群体相对外界是封闭的，因此遗传上的差异就会逐渐在小群体内部积累，逐渐造成长城两侧植物在遗传物质上的显著差异。

　　长城两侧植物间遗传物质差异产生的原因，除了长城这道墙的物理隔离之外，还有一些环境因素。长城通常是修建在陡峭的山崖甚至是山脊上，两侧的光照、温度和湿度等环境因素可能存在一定的差异。两侧的植物也可能因为环境因素的不同而产生分化，经历长时间的积累后在遗传物质层面体现出来。而山脊上的长城会进一步阻碍两侧植物的基因交流，使得

榆（*Ulmus glabra*）

酸枣（*Ziziphus jujuba*）

变异的积累更容易也更迅速。这一研究结果不仅首次证实了长城这种大型人工建设工程可以影响到其两侧植物的演化，而且说明生物演化这一过程的发生是相对"快速"并且具有适应意义的。这为人们评估大型工程对生态多样性的影响提供了重要参考。

生物对环境的适应是演化的原动力，"适者生存"是自然界最基本的法则。正是生命为了适应环境不断演化，才造就了绚丽多姿的大千世界。

疯狂植物

　　叮当的驼铃里，飘着五彩丝绸；嗒嗒的马蹄声中，古道茶香四溢。于是，我们吃到了香喷喷的胡椒，见到了威风凛凛的亚洲狮。人类的交换与馈赠，饱含着流芳百世的友谊，却也不知不觉地夹带进别有用心的"偷渡者"。它们在异国他乡放肆地生活，仿佛一方霸主，肆无忌惮地侵占着本属于其他生物的环境。

　　我们所说的，正是备受关注的外来物种入侵（species invasion）。外来物种入侵指的是不属于本地的物种被有意或无意地引入，对"土著居民"的生存环境、生存空间造成威胁甚至带来灾难的现象。整个入侵过程就好比自家领地上出现了外人并赖着不走，在此繁衍生息的同时还抢夺我们的食物、住所、工作甚至性命。更可怕的是，这种夺命的危险有时还来得悄无声息，比如这两位极具代表性的不速之客：加拿大一枝黄花（*Solidago canadensis*）和圆叶牵牛（*Pharbitis purpurea*）。

　　加拿大一枝黄花是入侵物种名单中的"通缉犯"之一。最初，它漂洋过海从北美而来，骄傲地作为客人被请进我们的领地。它那翠绿的枝干坚实有力，娇嫩黄色小花簇拥成花序，成片成海。爱美之心人皆有之，它正是凭借着它的美丽被我们种在花园，供人观赏和赞美。加拿大一枝黄花的生命力非常强，城镇、乡间、山坡、农田、庭院、废旧厂房等地方都有它的踪迹。它耐旱、耐贫瘠，在废弃荒地上和水泥裂缝中依然枝繁叶茂。就这样，加拿大一枝黄花依靠超强的适应能力四处安家，快速侵占土地。

　　侵占土地最好的方式就是繁殖，而加拿大一枝黄花的拿手技能之一就是繁殖。像其他有性繁殖植物一样，它也靠雄蕊与雌蕊结合产生下一代。它那密集的黄色花序能产生大量种子，种子被撒进土里就会生根发芽。不同的是，加拿大一枝黄花还有强大的无性繁殖能力：不需要经过雌雄结合，仅通过强大的地下根状茎就可以发芽、产生后代。而且它的根状茎往往会在土层下横冲直撞，大片蔓延，再仔细也无法人工将其完全清理掉。只要在土里留有折断的根茎，第二年这一枝黄花便会再次

加拿大一枝黄花（*Solidago canadensis*）

生芽开花，继续肆无忌惮地生长。

一岁一枯荣的草本植物通常会在秋季枯萎，加拿大一枝黄花却不然，它3月破土，10月开花，到了11月、12月种子才成熟。这可怕的持久战意味着当它的邻居们都拖着疲惫的身体准备休息时，加拿大一枝黄花依旧精神百倍，得意扬扬地趁机大肆掠夺土地。此时周围的植物早已无力抵抗，只能眼睁睁看着根系被破坏，养分被抢走，一步步走向衰败与死亡。原本生长着许多种野花野草的山坡，几年之后就变成了一片金黄，再不见本地植物五颜六色的花朵灿烂绽放。

你知道吗，即便是今天，人们已经知道加拿大一枝黄花到处侵占土地、破坏植被，却依然像中了毒一样疯狂爱着它？人们在被浪漫的节日里一束束美丽的鲜花吸引时，很少会注意到那些作为陪衬点缀的细细碎碎的小黄花就是"改名换姓"后出场的加拿大一枝黄花。加拿大一枝黄花的生命力极其顽强，在被做成插花后依然可以靠仅有的一点水结出种子。待鲜花枯萎我们随手丢弃之时，这些种子就被传播到另一片土地上，加拿大一枝黄花于是又开始了自己侵占土地的恶行。

还有一位更聪明的外来客，它耐心地和我们和谐共处，直到有一天，它突然出现在入侵名单上，让恐惧来得猝不及防。

它就是圆叶牵牛，来自遥远的热带美洲。

"柔条长百尺，秀蕚包千叶。不惜作高架，为君相引接。"牵牛花这种植物早已深深融入了我们的生活。在秦观笔下，它"仙衣染得天边碧，乞与人间向晓看"；在杨万里眼中，它"素罗笠顶碧罗檐，脱卸蓝裳著茜衫"。不仅牵牛花美丽，牵牛子还是一种重要的中药材。从陶弘景到李时珍，从《本草纲目》到各种古传药方，牵牛子的药用价值至今还在被不断开发。从观赏寄情到治病救人，人们对牵牛花的爱早已载入史册。不只中国人爱它，全世界人民都爱它。你看，牵牛花的英文名多么动人：Morning Glory（晨光荣耀）。

牵牛花有很多品种，哪一种才是来自异国他乡的圆叶牵牛呢？通过观察叶子我们可以很容易地进行区分。原产于我国的牵牛花叶子都像海神的三叉戟，而圆叶牵牛的叶子却像一颗心，偶尔才出现几片三叉戟状的。

人们近年来发现，圆叶牵牛曼妙的藤条会不断捆绑周围的植物，那茂密的叶片层层如瓦，遮挡住植物赖以生存的阳光。就是这美丽的"小喇叭"使我国宜春地区的柑橘等大幅减产。另外，圆叶牵牛还拥有绝密的暗杀武器，它在茁壮生长时，会不声不响地从根部释放一种化学物质。这种化学物质能够抑制

圆叶牵牛（*Pharbitis purpurea*）

周围植物的发芽生长。如今，这种看似友善的植物遍布大江南北，甚至开始进军一些自然保护区，威胁更多珍贵的物种，霸占仅存的天然绿地。

面对入侵者我们不能坐以待毙。目前我们对付它们主要用三招。第一招是物理的：将它们连根拔起，焚烧或深埋。这种最原始、最粗暴的手段见效很快，但耗时耗力，也不能真正斩草除根。第二招是化学的：喷洒各种药剂，对其进行"生化危机"式剿灭。这种方式虽有一定清除作用，但往往伤及无辜，而且化学药剂本身对生态环境也有一定破坏作用。第三招谓之生物治理：找来入侵者的天敌，或者请出比它更熟悉、更会利用这片土地的某种本地植物。这些"正义的使者"会与它不断斗争，最终打败它。这种方式对环境几乎没有副作用，而且成本较低，人力投入也相对较少。但采用这种方式需要我们慎之又慎：如何选择"正义的使者"？将它们大规模引入后会不会引起新的危机？被侵占的土地是否还能恢复之前的生态系统？这些问题都需要我们谨慎评估后再科学地处理。

外来物种入侵是人类共同的灾难，但造成这一灾难的并不是这些入侵的物种，而是人类的小小举动。现存的每一种生物都是千百万年与自然环境斗争的胜利者。它们已经与周围的其他生物交织在一起组成了生物网，彼此相互联系、相互制约，构成了复杂而稳定的生态系统。而给我们造成环境破坏的这些物种在自己的原产地也是能与其他生物和平共处的。它们并不是天生有害，只是待错了地方。物种入侵的严重后果往往是由人类的一些不顾及生态安全的行为造成的：在私家花园随手栽种远方的种子，花粉从此就被昆虫散播开去；旅游回来偷偷携带新奇的动植物，却不曾想它们身上可能携带着微小的、不为人知的生物入侵者；随意放生可能带来危害的动物，如宠物巴西龟会像恶棍一样欺负本土小龟……我们不能阻止种子乘着海风而来，也不能阻止飞鸟、鱼群的自由迁徙，但至少我们可以严于律己，不做"帮凶"，为保护大自然美丽的生态环境贡献自己的力量。

地球之肾

　　碧塔海是云南一个著名的高山湖泊，湖泊被塔状的高山围绕，因被称为"高山明珠"。在这里生存着许多珍稀的鱼类，如中甸叶须鱼（*Ptychobarbus chungtienensis*）、中甸重唇鱼（*Diptychus chungtiensis*）等。关于碧塔海的鱼有一个十分美丽的传说。每到端午前后，海边的杜鹃花便会成片开放。微风吹过，些许花瓣落入湖中被戏水的鱼儿误食，鱼儿们便像喝醉酒一般浮在水面上，人们称之为"杜鹃醉鱼"。而到了夜深人静之时，馋嘴的老熊便会趁着月色打捞这些"醉鱼"当作夜宵，人们戏称之为"老熊捞鱼"。

　　云南拉市海，位于丽江古城西部、玉龙雪山东南坡。拉市海是一个季节性淡水湖泊，湖周围有许多溶洞与地下河相连。每年的枯水季节，湖面会萎缩甚至完全干枯，大量鱼虾会顺着溶洞游至河中，正所谓"拉市海落水，七成鱼虾三成水"。而当雨季来临的时候，大量鱼类又会沿溶洞洄游至拉市海。拥有如此丰富的鱼虾资源的拉市海湿地，也为大量候鸟提供了越冬的栖息地，每年冬季都会有大约3万只候鸟来此越冬。在20世纪90年代，人们在拉市海周围建了大坝，阻断了湖与溶洞的联系。拉市海从此成了一个水库，四季水量充足，湖面倒映着玉龙雪山，无数越冬的水鸟或翱翔于蓝天，或栖息于水面，风景如画，生机勃勃，让人仿佛置身仙境。

我们常说地球是我们的家园。地球不仅赋予了我们生命，其自身更是拥有人类望尘莫及的生命力，就体现在这些令人流连忘返的美景之中。以上所描述的皆是湿地生态系统的景象。顾名思义，湿地（wetland）就是潮湿的陆地，河滩、湖畔等都属于湿地的范畴。根据《湿地公约》的定义，湿地是陆生生态系统与水生生态系统的过渡地带，包括自然的、人工的水域或水体，以及低潮时水深不超过6米的海域。湿地作为一个独特的生态系统，仅占地球面积的6％，却为地球上超过20％的已知物种提供了栖息之所。同时，湿地在净化水源、蓄水防洪、补给地下水、维持水平衡等方面也有极大的贡献，是一块块"天然海绵"。正是由于它强大的生态净化作用，湿地也被誉为

湿地景观

"地球之肾"，与森林、海洋并列为全球三大生态系统类型。联合国2002年的研究数据显示，一公顷湿地每年能创造的价值高达1.4万美元，是热带雨林的7倍。

湿地如此强大的净化功能与其中生长的植物有着密不可分的关系。生长于湿地的植物有什么独特之处呢？根据植物在水中的生活方式，我们将湿地植物分为四大类：挺水型、浮叶型、漂浮型及沉水型。它们各有各的特点，在湿地中共同组成立体的植物景观。

挺水型植物看上去就像是挺立在水中一般。它们通常生长在水位较低的地方。根还是扎在泥土中，而茎和叶片则努力生长冒出水面，花也在水面之上开放。我们常见的荷花（*Nelumbo nucifera*）就属于挺水型植物。朱自清在《荷塘月色》中对荷叶有着具体的描述："曲曲折折的荷塘上面，弥望的是田田的叶子。叶子出水很高，像亭亭的舞女的裙。"这"叶子出水很高"正是挺水型植物的典型特征。在水面之上开放的荷花更加美丽：淡粉至白色的花瓣，大气端庄又典雅高贵，真可谓"出淤泥而不染，濯清涟而不妖"。而荷的茎就是我们常吃的藕。因为生长在水底淤泥这样严重缺氧的环境中，荷为了保证水下部分有充足的氧气供应，在茎中形成了发达的通气组织，就是我们将藕切开看到的孔。不过就像木头被虫蛀空之后很容易折断一样，如此发达的通气组织也会让藕变得十分脆弱易断。为了弥补这样的缺陷，藕的其他细胞为自己披上了"铠甲"——在细胞壁外长出了螺旋加厚的次生壁。次生壁的抗压抗拉能力非常强，可以很好地抵御垂直方向上受到的外力，使藕在厚厚的淤泥中不易断裂。如果我们将藕切开并沿着水平方向拉伸，这些螺旋的次生壁就会被拉直，形成"藕断丝连"的奇妙现象。

浮叶型植物的根还是扎在泥土中，但叶片却平贴在水面上，没有挺水型植物那样"亭亭玉立"的气质。常种植在水塘中的睡莲（*Nymphaea tetragona*）就是典型的浮叶型植物。睡莲的叶片和花都平铺在水面上，少了几分荷花的"高冷"，多了些平易近人的亲切。漂浮型植物的"重头戏"都在水里，它

荷（*Nelumbo nucifera*）

们一生都随着水流四处漂浮，例如浮萍（*Lemna minor*）。浮萍的根系极不发达也不扎在泥土中，水流到哪里它们就被带到哪里。因此浮萍常被用来比喻身世的颠沛流离。文天祥在名篇《过零丁洋》中就用浮萍来形容自己一生坎坷、漂泊不定："山河破碎风飘絮，身世浮沉雨打萍。"而沉水型植物就是一般意义上的"水草"。它们整棵植株都在水里，只有在水面比较平静且水体十分清澈的水环境中才能看到它们的身影。沉水型植物不仅可以通过光合作用增加水中的氧气含量，更为许多水生动物和微生物提供了食物和庇护所，是水下生态系统中不可或

睡莲（*Nymphaea hort*）

缺的一部分。

　　湿地可谓现实中的"桃花源",不仅景色优美,更是很多珍稀物种的栖息地。同时,湿地作为"地球之肾",为地球的水循环做出了巨大的贡献。但如此重要的地球"净化器"现在却面临着重重危机,这其中既有天灾,也有人祸。

　　乌裕尔河是黑龙江最大的内陆河,在其下游就有著名的扎龙湿地。扎龙湿地被称为"鹤乡",包括丹顶鹤在内的许多鹤类都在此栖息繁殖。但是这样的一个人间仙境却在2001年和2005年发生了两次重大火灾,最大过火面积达到600平方千米,严重威胁了在那里生活的鸟类、鱼虾等。要想恢复那里完整的湿地生态系统,怕要等很长时间了。

　　四川若尔盖湿地是我国三大湿地之一。它不仅为黄河等河流提供了充足的水源,其中的冬虫夏草、黑颈鹤等更是国家的重点保护对象。但是近年来,在过度放牧、开沟排水以及气候变暖等因素的共同作用下,若尔盖湿地的面积在不断减少,湿地荒漠化越来越严重。现在,若尔盖地区的部分河流已经开始干涸,当地人陷入了"守着源头没水喝"的尴尬处境。

　　无论是早期的盲目开垦改造还是现在的环境污染、过度利用,都是对湿地这种珍贵资源的巨大破坏。天然湿地不断丧失，湿地功能逐渐下降，已经让全球的生态环境受到了巨大的影响。现在人们逐渐认识到了湿地生态系统的重要性，也已开始着手管理和保护湿地资源，但这项工作仍然任重而道远。如果有一天，"地球之肾"衰竭了，也许就真的是世界末日了吧。

湿地动植物景观

开荒辟土

　　位于中国中部偏北的黄土高原，是中华文明的发祥地之一。这里没有锦绣的山，没有清澈的水，没有桃红柳绿、鸟语花香。这里有的只是一派空旷辽远的苍茫。黄色的沙尘纷纷扬扬，飘落在一望无际的黄色原野上，天地之间，目之所及尽是黄色。在这里生活的人们住的是别具特色的窑洞——在巨厚的土层间凿出的家。这个家冬暖夏凉，是人类与自然最原始的共处。黄土高原虽然荒凉，却不寂寞，那里有响彻云霄的安塞腰鼓。棕黄的大地上一片火红，气势磅礴的响声撼动大地。腰鼓声响，四面八方都听得见黄土高原的激昂。

　　然而，黄土高原也有它的烦恼。地壳上升与河流的下切侵蚀为它刻上了深深的褶皱，形成了千沟万壑的独特地貌。那里气候极端，有很大的温差和怪异的雨季。每年的降水总是来得集中而凶猛，夏天的几场雨就降完了大半年的水量。余下的时候则是残酷而漫长的旱季。在太阳的炙烤下，强烈的蒸发榨干了土壤中仅存的一点水分，剥夺着每一寸土地上的生命。而地面上那些贫瘠的黄土质地十分疏松，细小的颗粒一遇上水流就迅速分散，跟着暴雨和劲风到处"流浪"。这就是让人皱眉的水土流失。水土流失使平整的地面沟壑丛生，稀疏又四处游走的沙粒使原本肥沃的土壤变得贫瘠。流经此地的黄河一路翻滚，汹涌的河水一年会带走16亿吨泥沙，而这些泥沙在下游平缓的水流中沉积至河底，使河床越堆越高，造就了高架桥似的"地上悬河"。地上悬河没有了天然的谷坡保护，全靠人工堆砌的河堤支撑，一旦堤坝破损或流量加大，汹涌的黄河水便会迅速灌入四周，瞬间吞没两岸，造成巨大的人员伤亡和财产损失。

不知经历多少岁月的洗礼，黄土高原才有了生命的绿色，有了人类文明。但肆意伐木与开垦，让脆弱的生态系统不堪重负。沙尘暴的连年肆虐，黄河的接连发难，终于在20世纪七八十年代令无知的人们幡然醒悟。人们终于下定决心治理黄土高原。于是，一个世纪工程诞生了。1978年，国务院批准了在我国西北、华北及东北西部营造防护林的提案。"三北工

桦树（*Betula pubescens*）

程",这项涉及我国13个省份的大规模造林行动正式启动。而实现这一宏大计划需要70年。

为什么开荒辟土这么难呢？不就是种树吗？

渺小的人类改造自然，本就不易，更何况，如果失败还可能让本已不堪重负的生态环境雪上加霜，甚至崩溃。因此，在行动之前我们一定要慎重考虑。

首先要明确种什么。在改造沙地之前首先要选择适合在这片土地上生长的植物，选择那些身体强壮、能耐得住干旱和贫瘠的品种。最好这些植物能快速生长，且不需要太多人力照顾。如此要求是不是有些强人所难？可人类却还不满足于此：如果这些植物不仅能改善环境，还能让当地百姓从中获得经济效益，那该多好！听上去有些天方夜谭，但自然母亲又一次用包容与慈爱纵容了我们这些"任性"的孩子，竟真的给了我们这样的植物。

松树和柏树是在沙化地区造林的优势树种。它们不仅耐得住寒冷和干旱，还能在一年四季都身披绿装。柏树还拥有防毒技能，能较好地抵挡二氧化硫、氯化氢这些"化学武器"的攻击。还有我们熟悉的桦树，也是造林的不错选择。桦树不惧寒冷，可以在北方快速生长，对虫害还有一定的免疫力，而且不

樟子松（*Pinus sylvestris*）

需要太多人力照顾。更为难得的是，这些树木不仅能造一方绿色，固一方水土，它们的木材还是工业的好材料，可以用来制造家具等。也就是说，它们即使到"退役"的那天，也依旧可以为人类创造价值。

酸酸甜甜的杏，想想就让人流口水。杏树是中国最古老的栽培果树之一。它的老家在中国新疆海拔3000米的地方。良好的适应性和可口的果实把它推向了全国乃至全世界。人们在一些气候条件尚可的地方栽培杏树，不仅可以改善环境，还能让人们吃到杏干、杏酱等美食，发展当地经济。类似的还有核桃树，它也能在疏松的土地上结出沉甸甸的果实。这些植物在改善环境的同时还增加了当地人民的收入，帮助人们摆脱贫困，过上更好的生活。

既然有这么多神奇的馈赠，开荒辟土是不是就没那么难了？不，千万不要高兴得太早。还原一抹绿色，可不是覆盖一层草木那么简单。我们要还原的，是一个完整的小天地：绿色的草木间生活着各种小动物。各种生物和谐共处，成就了一个充满活力的生态系统。还原绿色是很需要学问的事情，在这个过程中一不小心就可能酿成大错。比如在"三北工程"的最早期，人们在张北地区大面积种植杨树。杨树这种生长迅速的高

杨树（*Populus alba*）

大乔木很快就在当地架起了一道"绿色长城"，人们认为从此就可高枕无忧。万万没有想到的是，在2010年前后，人类这支忠诚的"绿色守卫队"开始大片枯萎倒下。究其原因，还是我们自己操之过急、考虑不周。

我们急着拯救沙化，将大片空地都种上了同一种树苗。大片品种单一的树木会出现什么问题呢？种植过于单一的植物相当于为害虫开辟一个巨大的乐园。充足的食物让害虫精神百倍，在此一代代繁衍生息。年复一年，虫子甚至钻入树干内部，肆无忌惮地啃食这方绿色。并且，杨树在我国北方的"站岗"年限是确定的——一般是三四十年，同一时期招募的"卫兵"，也会在同一时期老掉、死去。当时人们只顾救急，没有设计出一个多种生物共同生活的小天地，直到近年问题凸显才悔之晚矣。那如果多引种，会有问题吗？也会。过于新奇的设计会引入很多外来植被，虽然物种丰富了，但可能会发生物种入侵，或引发植被之间不合理的资源竞争。

大自然是仁慈的，乐于给予人类改错的机会和资源，只要我们怀着真诚，不懈努力，终会看到她重新绽放的笑容。

图书在版编目(CIP)数据

植物私生活/邓兴旺主编.—北京:商务印书馆,2019
(2021.7 重印)
　ISBN 978 - 7 - 100 - 17689 - 7

　Ⅰ.①植…　Ⅱ.①邓…　Ⅲ.①植物—普及读物
Ⅳ.①Q94 - 49

　中国版本图书馆 CIP 数据核字(2019)第 151518 号

植物私生活
邓兴旺　主编

商 务 印 书 馆 出 版
(北京王府井大街 36 号　邮政编码 100710)
商 务 印 书 馆 发 行
雅迪云印(天津)科技有限公司印刷
ISBN 978 - 7 - 100 - 17689 - 7

2020 年 7 月第 1 版　　　　开本 889×1194　1/32
2021 年 7 月第 2 次印刷　　　印张 10⅝
定价:75.00 元